ÉTUDE

DE LA

STATISTIQUE CRIMINELLE

DE FRANCE

AU POINT DE VUE MÉDICO-LÉGAL

Mundum numen regunt

PAR

M. H. CHAUSSINAND

DOCTEUR EN MÉDECINE

LYON

IMPRIMERIE DE LA PROVINCE

LUCIEN DUC, ÉDITEUR

Grande rue de la Guillotière, 101

Août 1881

STATISTIQUE CRIMINELLE DE FRANCE

AU POINT DE VUE MÉDICO-LÉGAL

LYON. — IMPRIMERIE DE LA PROVINCE.

ÉTUDE

DE LA

STATISTIQUE CRIMINELLE

DE FRANCE

AU POINT DE VUE MÉDICO-LÉGAL

Mundum numeri regunt.

PAR

M. H. CHAUSSINAND

DOCTEUR EN MÉDECINE

LYON

IMPRIMERIE DE LA PROVINCE

101, Grande rue de la Guillotière, 101

Août 1881

PRÉFACE

L'esprit dépend si fort du tempérament et
de la disposition des organes du corps, que,
s'il est possible de trouver quelque moyen
qui rende communément les hommes plus
sages et plus habiles qu'ils n'ont été jusqu'ici,
je crois que c'est dans la médecine qu'on doit
le chercher.

DESCARTES. (*Discours sur la méthode*,
6° partie).

Le sujet que nous nous proposons de traiter dans cette thèse inaugurale est nouveau dans les Études médicales. Il y a quelques années à peine, il était complètement inconnu et aujourd'hui que les problèmes qu'il soulève ont frappé l'attention, il semble que ce point de vue spécial a une telle importance, que l'on n'entrevoit pas pour les législateurs de l'avenir, la possibilité de se passer d'un élément dont les bases positives reposent sur la nature humaine elle-même.

Ces considérations étonneront moins si l'on veut bien apprécier, qu'à notre époque, la plupart des questions ne restent pas particularisées dans le domaine de telle ou telle science, mais au contraire se fondent entre elles, se prêtent un mutuel appui et donnent des résultats qui ont une portée sociale.

Il n'est donc pas étonnant que les moralistes, les criminalistes aient été les premiers à se préoccuper des données scientifiques et à se demander si les faits de la statistique et de l'anthropologie criminelles ne pouvaient pas avoir d'application dans le domaine de la morale ou du droit pénal.

Les médecins se sont mis ensuite à ces études spéciales et, de leurs travaux, basés sur des connaissances biologiques complètes, on peut déduire déjà des conséquences pratiques très importantes.

Le travail que nous avons entrepris est un travail de cet ordre. On se convaincra facilement du temps que nous lui avons consacré et des recherches que nous avons été obligé de faire, et si nous insistons sur ce point, ce n'est pas que nous ayons la prétention d'avoir fait une œuvre importante. — Non, les travaux sur ce sujet n'ont de la valeur que lorsqu'ils sont longuement mûris. — Nous n'avons eu qu'un but : faire preuve de bonne volonté et montrer notre intervention personnelle dans la thèse que nous soumettons à la bienveillance de nos juges. Nous nous empressons d'ailleurs d'ajouter que nous n'aurions jamais osé entreprendre et mener à bonne fin ce travail, si nous n'avions pas eu à notre disposition les ressources précieuses du laboratoire de médecine légale, l'aide et les conseils de M. le professeur Lacassagne.

Notre travail est divisé en trois parties. Nous nous proposons d'abord d'étudier la marche de la criminalité en France de 1825 à 1880. Après avoir discuté les éléments ou les bases de la statistique criminelle, nous verrons quelle valeur il faut attacher aux documents qu'elle nous fournit. Portant notre attention sur les crimes seuls, nous montrerons les particularités spéciales aux crimes contre les personnes et aux crimes contre les propriétés. Des causes diverses influencent les uns ou les autres, des facteurs différents interviennent : les uns sont en baisse, les autres sont en hausse. Y a-t-il un balancement, une substitution ou une transformation de la criminalité? Est-il possible d'admettre une sorte de loi de saturation criminelle d'après laquelle notre nation serait destinée fatalement à donner pendant de longues années encore un total élevé de crimes quelconques ?

L'énoncé seul de ces questions montre leur importance et l'indispensable nécessité de les voir traiter par des médecins.

Ce n'est pas tout. Jusqu'ici, adoptant servilement les distinctions juridiques, les auteurs n'ont considéré comme crimes ou délits que les faits visés par le Code et punis par les lois. Nous devons agrandir ce cadre si nous voulons y faire rentrer deux facteurs importants, négligés jusqu'à ce jour et qui, d'après nous, font partie de la criminalité : nous voulons parler du suicide et de la prostitution. Malheureusement, les limites mêmes que nous nous sommes imposées dans la rédaction de ce travail, et la difficulté à nous procurer des matériaux en nombre suffisant, nous ont obligé à ne traiter spécialement qu'un des facteurs : le suicide.

Cependant les quelques mots que nous dirons de la prostitution, à propos du sexe, seront suffisants pour prouver les lacunes dans les recherches de nos prédécesseurs et la vérité de notre assertion. Appliquant les lois de la sélection et de l'hérédité à l'étude de la criminalité, il sera possible de faire voir, qu'à notre époque, le suicide et la prostitution, toujours croissants, sont des dérivatifs du crime ; que certains crimes sont en progression, que d'autres diminuent fatalement comme pour disparaître, et que les conditions de la vie moderne créent, entretiennent ou éliminent des causes de criminalité !

Ainsi posé, le problème a autant d'importance au point de vue biologique que social. Si le médecin étudiant les différentes modifications qui agissent sur l'homme détermine l'action de ces causes sur les crimes, il fixera en même temps les limites d'intervention du législateur. En spécifiant nettement les causes de ces deux grands fléaux des sociétés modernes : le suicide et la prostitution, on fait voir s'il est possible de les atteindre dans leur source même de production et si ce n'est pas faire œuvre nécessairement inefficace que d'avoir la prétention de s'opposer à eux par des mesures de police ou des articles de règlement.

Tel sera l'objet d'un premier chapitre : une exposition de la question et des matériaux qui servent à notre démonstration.

Dans un second chapitre, nous étudierons les éléments qui constituent la criminalité et qui doivent fixer spécialement l'attention du médecin : modificateurs physico-chimiques, biologiques, sociologiques. Tous ces modificateurs ne peuvent être envisagés et nous avons été obligés de nous restreindre à quelques-uns d'entre eux, à ceux qui ont été relevés dans la statistique criminelle de France. C'est ainsi que nous consacrerons des paragraphes spéciaux à l'action de la température et des saisons, aux influences particulières de l'âge, du sexe, de l'état civil, du degré d'instruction, de la profession. Nous terminerons enfin par une appréciation systématique des éléments précédents dans les trois milieux sociaux qui donnent incontestablement une caractéristique spéciale et nous dirons comment se répartissent les accusés à la campagne, dans les villes, à Paris. La phrase de François Ier à Charles-Quint est surtout vraie à notre époque : « Ce n'est pas une ville, Paris, c'est un monde. »

Un troisième et dernier chapitre montrera la distribution géographique de la criminalité. C'est peut-être le côté le plus difficile, le plus délicat de la question. Non-seulement l'élément climatérique, la latitude, joue un rôle certain, mais il faut tenir aussi compte de l'élément ethnique, de la densité de la population, de la vie industrielle des départements, etc., etc. Ici, nous l'avouons, nous arriverons à très peu de résultats positifs, mais si la moisson n'est pas riche, le champ est vaste, il sera plus tard fertile, et nous serions heureux si l'on voulait reconnaître que dès aujourd'hui nous avons cru en entrevoir les limites.

Les conclusions découleront alors de cet exposé. Nous serons encore satisfait, si on leur applique le vers de Martial :

Sunt bona, sunt quœdam mediocria, sunt mala plura.

CHAPITRE PREMIER

De la criminalité en France de 1825 à 1880. — Marche de cette criminalité. — Crimes contre les personnes et contre les propriétés. — Du suicide. — Quelques mots sur la prostitution.

Depuis 1825, le garde des sceaux publie chaque année un compte rendu de l'administration de la justice criminelle : cette statistique excita dès son apparition l'admiration des étrangers, qui considérèrent les résultats qu'elle donnait, comme un monument national « et le modèle que doivent suivre les peuples civilisés, ou prétendant l'être, qui voudraient constater l'état de leur moralité. »

Ainsi que le fait remarquer le professeur Lacassagne, il est assez curieux que les médecins-légistes n'aient pas fait de plus fréquents emprunts à ce recueil, et surtout aient complètement abandonné à des moralistes le soin d'apprécier toutes les circonstances diverses qui influencent la vie criminelle de notre nation.

« Si le crime est une des modalités de la vie sociale, une de ses conséquences fatales et inéluctables, comme la naissance, le mariage, la mort, n'appartient-il pas au médecin de chercher les causes qui le produisent, l'entretiennent, le font augmenter ou diminuer. Les fonctions sociales ont leurs règles, comme les fonctions biologiques, les lois de la physique ou de la mathématique ; il n'y a de différence que dans la complexité des phénomènes et l'étendue de notre ignorance. » (Lacassagne).

Parmi les auteurs qui nous ont précédé dans ces études, et dont nous utiliserons les travaux, il nous faut citer Quetelet (1), Guerry (2), de Châteauneuf (3), Fayet (4), Maury (5), Corne (6), Bertrand (7), Legoyt (8), Block (9), Minzloff (10), Lombroso (11), Enrico Ferri (12), Lacassagne (13), Lebon (14) et

---

(1) Physique sociale. Bruxelles 1835. — Idem, du système social et des lois qui le régissent. Paris 1848. — Anthropométrie. Bruxelles, 1870.

(2) Essai sur la statistique morale de la France. — Idem. Statistique morale de l'Angleterre, comparée avec la statistique morale de la France. Paris, 1850.

(3) Sur les résultats des comptes de l'Administration de la justice criminelle en France. — Séances de l'Académie des sciences morales et politiques, 1842.

(4) Statistique intellectuelle des conscrits et des accusés. Séances de l'Académie, etc. 1843 — idem, statistique des accusés, ibidem 1846 et *Journal des économistes*, 1847 — idem. Essai sur les progrès de la criminalité en France *Journal des économistes* 1845 — idem. Essai sur la statistique intellectuelle et morale de la France. Séances, etc. 1847.

(5) Du mouvement moral de la Société. *Revue des Deux-Mondes,* 1850.

(6) Essai sur la criminalité. *Journal des économistes.* Janvier, 1868.

(7) Essai sur la moralité comparative des diverses classes de la population, 1835-54. (*Journal de la Société de Statistique de Paris,* 1871-72.).

(8) La France et l'étranger. 1854. — Le suicide, 1881.

(9) Statistique de la France, 2ᵉ édition 1875. Idem. L'Europe politique et sociale. Paris, 1859.

(10) Etudes sur la criminalité. Philosophie positive, sept. déc. 1880.

(11) L'uomo delinquente : 2ᵉ édition. Turin, 1878.

(12) Studi sulla criminalità in Francia dal 1826 al 1878. Rome, 1881. — I nuovi orizzonti del Diritto e della procedura penale. Bologne, 1881. — I sostitutivi penali. Archivio di psichiatria, etc. 1880.

(13) Précis de médecine judiciaire. — Idem. Marche de la criminalité en France de 1825 à 1880. *Revue scientifique,* mai 1881.

(14) La question des criminels. *Revue philosophique,* mai 1881.

Jacoby (1) ; nous emprunterons à ces différents auteurs, et spécialement à Quetelet, Guerry et Ferri les résultats importants consignés dans leurs mémoires, et que nous n'avons pas pu vérifier ou contrôler nous-même par des recherches spéciales. Tous ces auteurs ont nécessairement adopté la division des crimes faite par la loi, et consacrée dans la statistique. Il y a des crimes contre les personnes, et des crimes contre les propriétés.

Parmi les premiers, la statistique distingue : les meurtres, les assassinats, parricides, coups et blessures graves, blessures ayant amené la mort sans intention de la donner, blessures envers un ascendant, infanticides, avortements, empoisonnements, viols et attentats à la pudeur sur des adultes ou des enfants au-dessous de 15 ans, la bigamie, la castration, etc.

Parmi les crimes contre les propriétés : la fausse-monnaie, les faux en écriture privée ou publique, les vols sur un chemin public, les vols par un domestique ou homme à gages, les autres vols qualifiés, abus de confiance, banqueroutes, les incendies.

Ainsi que le fait remarquer le professeur Lacassagne, Quetelet et Guerry, qui étudièrent d'abord une première période de 7 ou 8 années, arrivèrent à peu près aux mêmes conclusions, c'est-à-dire, qu'ils admirent que chaque année voyait à peu près se reproduire le même nombre de crimes, dans le même ordre et dans les mêmes pays, qu'il y avait des crimes spéciaux à chaque sexe, à chaque âge, à chaque saison : il sem-

______

(1) *Étude sur la sélection.* Paris, 1881.

blait donc, d'après les travaux de ces auteurs, que la criminalité, en France, suivait une marche immuable et fatale, et comme le disait Quetelet : qu'il était un budget qu'on payait avec une régularité effrayante, c'était celui des prisons, des bagnes et de l'échafaud. Ces savants, en n'observant qu'une période trop restreinte, et en ne tenant pas compte de tous les modificateurs qui agissent sur l'homme, et dont un biologiste seul saisit bien l'importance, ont commis ainsi une erreur, et le professeur Lacassagne a fait voir à l'aide de ses graphiques, qu'il n'y a pas de réactif plus sensible, plus mobile, plus délicat que le corps social, et que la marche de la criminalité en France, pendant plus d'un demi-siècle, reproduit fidèlement toutes les fluctuations météorologiques, économiques, politiques et sociales de notre pays. Disons aussi que pour faire une étude approfondie et complète de cette criminalité, il serait nécessaire, ainsi que l'ont fait les professeurs Ferri et Lacassagne, de tenir compte de la marche des délits ; mais cette étude spéciale nous entraînerait trop loin ; si elle peut avoir des résultats importants pour le moraliste et le législateur, elle est, il faut l'avouer, moins de notre compétence, et nous préférons rester exclusivement sur le terrain médico-légal.

Il est nécessaire d'abord, dans une pareille étude basée exclusivement sur les statistiques, de bien connaître celles-ci, afin d'interpréter convenablement les résultats qu'elles présentent.

Or il n'est pas douteux que les données de la statistique ne sont pas l'expression fidèle de la réalité, et qu'en un mot, les crimes qu'elles indiquent pour une période donnée, ne sont pas tous les crimes réellement commis pendant cette période. C'est ainsi qu'il existe un grand nombre d'infractions à la loi, qui ne sont jamais découvertes, soit par suite de l'organisation insuffisante de la police, soit par suite de la facilité qu'on a à les dissimuler : tels sont les attentats à la pudeur, les adultères, les avortements, etc. Si tous ces crimes non découverts étaient ajoutés aux crimes qui viennent à la connaissance des magistrats, on aurait un nombre absolu de crimes, qui serait la *criminalité réelle*.

Les magistrats connaissent bien d'un certain nombre de crimes, mais tous ces crimes ne sont pas jugés, soit que les auteurs en restent inconnus, ou qu'ils échappent aux poursuites, soit qu'il y ait ordonnance de non-lieu : c'est la *criminalité connue ou apparente*.

Il existe enfin une troisième criminalité, ou *criminalité légale*, qui comprend les affaires jugées contradictoirement ou par contumace : c'est cette criminalité sur laquelle la statistique de France donne des renseignements importants, et que nous étudierons spécialement.

Ajoutons, ainsi que le dit Quetelet, « qu'il existe un rapport à peu près invariable entre les délits connus et jugés, et la somme totale inconnue des délits non jugés. »

Nous pouvons donc regarder la criminalité apparente comme un indice de la criminalité réelle.

De même il serait facile, ainsi que l'a fait le professeur Ferri, de montrer les rapports qui existent entre la criminalité apparente et la criminalité légale. En effet, prenant années par années les crimes découverts mais non jugés, parce que les auteurs sont demeurés inconnus, ou que les preuves ont été insuffisantes, et les additionnant avec les crimes et délits jugés, nous avons, comme nous l'avons dit, la criminalité connue. Mais en calculant le rapport des crimes jugés avec un total composé de ces crimes jugés et découverts, nous avons une série de proportions annuelles, dont les oscillations sont très faibles. Ainsi, Ferri trouve un rapport qui varie entre 71,4 o/o et 76,6 o/o.

C'est le moment de parler des *causes* de la criminalité. Nous pouvons admettre des influences cosmologiques qui proviennent du milieu matériel et des influences sociologiques qui émanent du milieu social. Il y a donc des *modificateurs physico-chimiques, biologiques, sociologiques*. Rappelant seulement que M. le professeur Lacassagne a indiqué le mode d'action de chacun d'eux, nous énumérerons les plus importants.

C'est ainsi qu'une étude complète de l'étiologie de la criminalité devrait montrer successivement l'influence des saisons, de la température, des variations du jour et de la nuit, des météores, du climat, de la disposition du sol, de l'alimentation, de la race, de l'âge, du sexe, de l'état-civil, de la profession, de la classe sociale, du degré de l'instruction et de l'éducation, de la constitution organique et psychique, de l'augmentation ou de la diminution de la population, des émigrations, de l'opinion publique, des coutumes, des religions, de la constitution de la famille, de l'assiette politique, financière, commerciale, de la production agricole et industrielle, de l'organisation administrative en ce qui concerne la sûreté, l'instruction et la charité publiques, enfin de l'organisation législative au point de vue du droit civil et du droit pénal.

Nous allons dire quelques mots des modificateurs sociologiques les plus importants :

Pour ce qui est des *variations de la législation*, nous ferons remarquer seulement que celles-ci ont peu porté sur la nature des crimes, mais ont surtout atteint les délits qui n'entrent pas dans notre étude.

L'augmentation de la population a une plus grande importance; dans les graphiques publiés par le professeur Lacassagne, on voit que, jusqu'en 1854, la courbe de la criminalité et celle de la population ont la même direction, mais que, dès lors, elles deviennent divergentes : « La France est la nation qui démontre le mieux la loi statistique, que la population d'un pays se multiplie en raison inverse de la richesse de ce pays. » (Lacassagne). Ajoutons que de 1826 à 1878 la population a augmenté de 100 à 116; il y a eu une augmentation sensible en 1861 par l'annexion de Nice et de la Savoie, et une diminution plus marquée encore en 1870 par la perte de l'Alsace et de la Lorraine : certainement il y a lieu de tenir compte de ces deux changements dans l'interprétation des courbes de criminalité à ces deux époques.

L'accroissement des agents de la police judiciaire, favorise aussi la découverte des crimes : ainsi si l'on observe deux années extrêmes, 1841 et 1878, le total de la criminalité générale comparé à celui des agents et de la population, on trouve avec Ferri les chiffres suivants :

	1841	1878
Criminalité générale.	100	200
Agents de la police judiciaire.	100	135
Population.	100	107

Mais voici un fait qui montre que cette influence n'est pas prépondérante.

En 1854, après une augmentation considérable des agents de police (de 4,244 à 6,784) la criminalité légale resta presque stationnaire la même année, pour éprouver ensuite une forte diminution en 1855. Ce qui montre bien que la criminalité obéit à l'action d'autres facteurs sociaux plus importants. Citons, par exemple, la consommation plus grande du vin et surtout de l'alcool, la consommation de la viande. A toutes ces causes, ajoutons celles indiquées par Ferri, qu'il ne nous appartient pas de discuter, telles que les conditions de la famille, l'augmentation de la richesse, surtout de la richesse mobilière, l'accroissement des salaires, l'amélioration des conditions générales de la vie.

Nous en avons dit assez pour étudier maintenant et avec fruit la marche des crimes contre les propriétés ou contre les personnes, crimes jugés contradictoirement ou par contumace devant les Cours d'assises : il y a là une distinction à faire parce que les affaires jugées contradictoirement sont celles qui ont été l'objet de plus de renseignements spéciaux dans les statistiques, et que d'ailleurs parmi les contumaces, il se trouve des individus qui plus tard sont repris et jugés contradictoirement. Nous donnerons donc d'abord un résumé des graphiques publiés par le professeur Lacassagne, graphiques qui ne comprennent que les affaires jugées contradictoirement, nous réservant de traiter, dans un chapitre à part, ce qui concerne les contumaces.

De la marche des Crimes contre les Propriétés

Ces crimes vont en diminuant et même deux fois en 1865 et 1876, ils ont été inférieurs aux crimes contre les personnes : les variations ou les fluctuations nombreuses qui se trouvent dans la courbe sont en rapport avec les changements de l'assiette économique ; il y a une similitude complète entre la courbe qui indique depuis 1825 le prix de l'hectolitre de froment, et celle qui de 1832 à 1870 marque le nombre des crimes commis.

Toutes les crises économiques, agricoles, se trouvent marquées sur le graphique publié par M. le professeur Lacassagne. Les années dans lesquelles le prix du froment a été élevé sont indiquées par une hausse correspondante dans le nombre des crimes contre les propriétés : ainsi en 1828, 1835, 1837, 1848, 1854, 1865, 1868, 1872 à 1876. « L'année 1847 qui fut une année de disette est tout à fait caractéristique. En 1855, le prix du blé atteint un maximum de 30 fr. 75 l'hectolitre, mais les crimes diminuent parce que le gouvernement prit les dispositions nécessaires pour diminuer les effets de la misère et qu'il y eut une abondance relative dans la récolte du maïs, orge, seigle et pommes de terre. De plus, après 1860, la suppression de l'*échelle mobile* et le traité de commerce avec l'Angleterre permirent l'arrivée sur nos marchés d'une grande quantité de blés étrangers et le libre-échange diminua ainsi les crimes contre la propriété. » Dans la même courbe on peut aussi voir l'influence des étés très chauds (1832, 1834, 1842, 1846, 1857, 1863, 1865, 1871), des hivers rigoureux (1840, 1846, 1853, 1871).

De la marche des Crimes contre les Personnes

L'influence de la température se fait aussi sentir sur la courbe des crimes contre les personnes. Mais cette courbe, ainsi que le montre le graphique, subit moins de variations que celle qui indique les crimes contre les propriétés. On voit, en effet, que pendant ces cinquante-trois années, il y a peu de différence daus le nombre des crimes contre les personnes et il semble même que ces crimes ont augmenté.

La courbe indique encore par des ascensions brusques les effets des révolutions de 1830, 1832, 1834; 1848, le coup d'état de décembre 1851 et la crise politique qui l'a accompagné, les guerres de l'Empire, la baisse accidentelle produite par 1870, l'année terrible qui a perturbé la vie sociale et amené les hausses rapides de 1871-1872, la retraite de M. Thiers au 24 mai 1873, les élections de 1876.

Mais l'influence la plus manifeste est celle de la production et de la consommation du vin que l'on voit indiquées dans cette courbe et dont les hausses et les baisses sont absolument correspondantes à celles de la courbe des crimes contre les personnes. L'on reconnaît ainsi les années de mauvaises récoltes de vin (1854-1859-1860-

1867-1877) marquées par des baisses dans la courbe, les années de bonnes récoltes (1855-1856-1858-1861-1875-1876) qui se signalent par des élévations dans la marche du tracé. C'est en 1865 et en 1876, deux époques d'élections générales, que les crimes contre les personnes ont été supérieurs aux crimes contre les propriétés. Il y a eu, ces deux années, un plus grand nombre de coups et blessures. Le même fait a été observé en Angleterre, et lors des élections à la Chambre des communes, les statistiques relèvent un nombre supérieur de crimes contre les personnes.

Voici un tableau qui indique pour les crimes contre les personnes et les propriétés, et les suicides, le total, la moyenne annuelle et la moyenne réduite à 100 des accusations, des accusés de 1826 à 1880, des crimes de 1830 à 1870.

CRIMES (1826-1880)

	CONTRE LES PERSONNES			CONTRE LES PROPRIÉTÉS			SUICIDES
	Accusat.	Accusés	Crimes	Accusat.	Accusés	Crimes	Suicides
Total	89 945	113 244	93 185	159 871	22? 501	283 848	199 978
Moyenne an.	1 665	2 097	2 337	2 960	4 103	7 036	3 773
Moy. réd. à 100	27 3	34 4	38 3	21	29	50	

Le graphique publié par M. le professeur Lacassagne, dans la *Revue scientifique*, relève seulement pour les crimes contre les personnes et contre les propriétés ceux qui ont été jugés contradictoirement.

Depuis, M. Lacassagne a fait une série de graphiques qui constitue un tableau complet de la marche de la contumace. C'est celle-ci que nous allons maintenant étudier afin d'apporter un élément de plus à la criminalité générale.

Disons de suite, que si à l'exemple de M. Ferri, on ajoutait ces crimes par contumaces aux crimes jugés contradictoirement, on aurait deux nouvelles courbes qui, pour les crimes contre les propriétés ou pour les crimes contre les personnes, s'éloigneraient peu de celles du graphique de M. Lacassagne. Il y a cependant deux années, en 1865 et en 1876, ou la courbe des crimes contre les propriétés qui va toujours baissant, passe légèrement au-dessous de la courbe contre les personnes. En additionnant les crimes jugés par les assises contradictoirement et par contumace, il n'y a pas ces deux chevauchements d'une courbe sur l'autre, et bien que se rapprochant très près à ces deux périodes la courbe des crimes contre la propriété est toujours au-dessus des crimes contre les personnes.

Résumons le tableau de M. Lacassagne sur les contumax.

Un premier graphique indique le total des accusations jugées par contumace, les accusations contre les propriétés, les accusations contre les personnes. Ce sont donc trois courbes d'accusation jugées par contumace.

Il paraît d'abord bien évident que ces accusations ont diminué, certainement des deux tiers. La courbe présente une série de sommets et de descentes qu'il est intérssant de rapprocher de ceux des courbes des accusations jugées contradictoirement. « Les années dans lesquelles le prix du froment a été élevé sont indiquées par une hausse correspondante dans le nombre des crimes contre les propriétés, ainsi en 1828, 1835, 1837, 1847, 1848, 1854, 1865, 1868, 1872 à 1876. L'année 1847 qui fut une année de disette est tout à fait caractéristique. » (Lacassagne).

Dans la courbe des accusations jugées par contumace nous voyons au contraire des baisses correspondantes à ces mêmes époques. Ainsi, de 1828 à 1831, en 1839, en 1847-1848 c'est tout aussi caractéristique : les contumaces atteignant le chiffre minimum de la période 1826-1860, en 1855, en 1867 ; si les accusations contumaces ont été en augmentant de 1871 à 1873, elles baissent depuis et d'une manière continue.

Il ressort donc de cet exposé, ce fait intéressant, c'est que si les années de disette, de cherté de grains, il y a plus de crimes contre les propriétés, il y a moins de contumax parce que les voleurs, les vagabonds qui constituent la grande majorité de ces criminels, préfèrent se laisser arrêter pour éviter la misère qui frappe au dehors des prisons. C'est si vrai que si, à l'exemple de Ferri, on relève pour cette même année 1847 les vols commis par les domestiques ou hommes à gages, on voit que de tous les vols, alors si nombreux, ce sont les seuls qui aient été en décroissance réelle. Pourquoi ? Parce que les domestiques ne voulaient pas se faire renvoyer par leurs patrons.

Même explication pour les évasions de prisonniers : cette année-là elles ont diminué sensiblement, parce

que les détenus préféraient leur alimentation assurée,
à toutes les incertitudes de la vie libre.

La seconde courbe qui indique les accusations contre les propriétés répète absolument toutes les fluctuations de la courbe dont nous venons de parler.
C'est dire par cela même que dans les accusations
jugées par contumace, les quatre cinquièmes appar-
tiennent à des accusations contre les personnes. C'est
en effet dans les crimes contre les propriétés que se
trouvent les voleurs, les faussaires, les escrocs, les
caissiers infidèles, etc....., tous ceux qui par la nature
même de leur crime cherchent à se mettre à l'abri
des poursuites avant que le crime soit découvert.

La courbe des accusations contre les personnes montre
que les contumax sont en petit nombre et ont diminué de
moitié. La courbe générale ne présente pas des sommets
et des chûtes aussi répétés, que dans la courbe des accusations contre les propriétés. Il n'y a des ascensions réel-
les et caractéristiques qu'en 1830 (maximum) en 1832,
1833, 1844, 1850, 1851, 1852, en 1860, en 1872.
C'est un rapport direct avec les crises politiques.
Tout en tenant compte, bien entendu, du plus grand
nombre de crimes contre les personnes à ces moments,
il faut aussi, il nous semble, faire jouer un certain
rôle à la surveillance diminuée de la part de la police
ou de ses agents qui ont été alors employés plutôt à
la surveillance des individualités politiques qu'à celle
des vulgaires criminels.

Un deuxième graphique indique le total des accusés contumax, les accusés de crimes contre les propriétés, les accusés de crimes contre les personnes.

Ces trois courbes ressemblent naturellement aux trois courbes des accusations dont nous venons de parler, elles n'en diffèrent que par leur hauteur : il y a un plus grand nombre d'accusés que d'accusations, cet accroissement est surtout sensible dans le nombre des accusés de crimes contre les personnes. La courbe qui représente ces derniers montre trois sommets : 1832-1833 (avec 328-323), 1850-1851 (avec 195-197), 1871-1872 (avec 85-111) : on voit d'après ces chiffres qu'après nos guerres civiles, si le nombre des contumax augmente, il va sensiblement en diminuant sous l'influence de la même cause.

Le dernier graphique donne depuis 1834 seulement la marche des contumax hommes ou femmes. Il y a de 9 à 15 fois plus d'hommes que de femmes contumax. La courbe des hommes présente des oscillations qui rappellent dans leurs traits principaux la courbe des accusations ou des accusés contre la propriété. La courbe des accusés femmes n'a quelques oscillations que de 1834 à 1852 (ainsi en 1836, 1840, 1844, 1846, 1849, 1852). C'est ainsi que les années 1847-1848 qui sont si nettement marquées sur toutes les autres courbes sont à peine indiquées sur celle-ci. Depuis 1852, les oscillations sont si insignifiantes que la ligne est presque droite et indique une moyenne de 20 à 25 femmes contumax par an. Il est donc évident que bien que la femme commette un plus grand nombre de crimes contre les propriétés que contre les personnes, la somme totale des femmes contumax est annuellement à peu près la même ; quoiqu'à notre époque il soit encore facile de fuir ou de se mettre à l'abri des poursuites de la justice, ainsi que le font les hommes, les femmes ne savent pas ou ne peuvent pas employer les mêmes moyens. Afin de tenir compte de tous les éléments qui peuvent entrer dans une question aussi compliquée, nous dirons avec M. le professeur Lacassagne, qu'il faut tenir compte dans l'appréciation des sommets de ces courbes des différentes invasions du choléra en France. Le fléau s'est montré dans notre pays en 1832, 1834, 1837, 1848, 1850, 1853, 1854, 1865-1866, 1873. Les épidémies de 1832, 1849, 1854 envahissent cinquante-deux, cinquante-quatre, soixante-neuf départements, faisant mourir de 100,000 à 120,000 personnes : ce furent les plus meurtrières. On voit leur influence manifeste par des ascensions dans la courbe des contumaces surtout en 1832-1833 et en 1850.

Du Suicide.

Ce sujet, nous l'avouerons de suite, est un des plus difficiles et un des plus délicats à exposer. Les monographies, les mémoires, les traités même ne manquent pas et depuis les travaux des philosophes stoïciens jusqu'au magnifique ouvrage de Morselli, il se passe peu d'années sans qu'un philosophe, un moraliste, un écrivain, un médecin ne vienne donner son opinion sur le suicide et ses causes. Cette abondance même de documents ne rend pas tous les services qu'on devrait attendre d'observations faites à différentes époques et par des esprits judicieux et éclairés. On peut même dire, sans crainte d'émettre un paradoxe, que cette abondance apparente couvre le vide ou l'inanité des recherches et que si les auteurs, disons mieux, si des intelligences distinguées et instruites, se laissent aller à s'occuper d'un point aussi spécial, c'est que de parti pris ou inconsciemment, on sent qu'il renferme une question sociale, une solution qui intéresse la vitalité même des collectivités humaines.

Le problème est d'ailleurs mal délimité, et philosophes, médecins, statisticiens ont le grand tort de ne faire qu'une catégorie de tous les suicidés, de les réunir sous une même étiquette et d'assimiler complètement tous les individus qui volontairement mettent fin à leurs jours. C'est là une généralisation tout à fait défectueuse : le suicide n'est qu'une terminaison, un acte final mais les causes qui l'engendrent sont si variées, si différentes que c'est une erreur semblable à celle du pathologiste qui étudierait le symptôme *fièvre* sans s'occuper des cause s qui l'ont produit. Sans doute on peut étudier le mécanisme du phénomène, les conditions qui l'accompagnent, ses conséquences. Mais tout cela a peu de portée pratique et le véritable traitement ne découle souvent que de la connaissance complète de la cause.

La question du suicide a été présentée autrement par M. le professeur Lacassagne dans ses publications scientifiques et dans son enseignement, et nous tenons à dire de suite que les idées que nous allons émettre sont celles que nous avons entendu exposer par notre maître dans deux leçons qu'il a consacrées cette année-ci au suicide dans ses rapports avec la criminalité.

Après quelques mots de généralité et d'historique, nous définirons le suicide et le comparerons aux autres formes de la criminalité. Nous chercherons à prouver cette exposition de M. le professeur Lacassagne : *Un grand nombre de suicidés ne sont que des criminels modifiés par le milieu social.* Placée sur ce terrain, la question prend une importance générale et il devient absolument indispensable de savoir si telle est la vérité.

« Détruire, c'est écarter les obstacles qui s'opposent à la réalisation d'un désir. L'instinct qui nous y porte et qu'on peut appeler l'instinct de la destruction, devient chez l'homme l'instinct du meurtre quand l'obstacle est un de ses semblables, et le penchant au suicide quand il rencontre l'obstacle en lui-même. Poussé par un mobile puissant, ordinairement égoïste, l'instinct destructeur se tourne alors contre celui de la conservation personnelle. On se détruit pour échapper à une douleur trop vive, à une blessure de la vanité ou de l'orgueil, aux tortures de la jalousie, quelquefois aux souffrances d'un attachement brisé. En tous cas le suicide est le résultat du désespoir. C'est ce qu'avait admirablement compris le Dante, lorsqu'il plaça les suicidés parmi les violents contre le prochain et les violents contre Dieu (Enfer, liv. XIII). C'est dans le septième cercle qu'il nous montre ensemble les tyrans et les voleurs de grande route baignant dans le sang, les âmes des suicidés enfermées dans des troncs d'arbres, les blasphémateurs couchés sur un sol brûlant, la face tournée vers le ciel et exposés à une pluie de feu.

Le suicide a existé de tous temps, mais avec une fréquence différente dans les divers milieux sociaux et d'après l'influence que la collectivité avait sur la vie individuelle; c'est ainsi qu'il a été à peu près inconnu des Hébreux pendant de longs siècles : les Juifs n'ont commencé à se suicider qu'au douzième siècle après les persécutions dont ils ont été l'objet.

En Grèce, le suicide eut ses partisans ; et des philosophes, de grands citoyens quittèrent ainsi la vie. A Rome, sous l'influence des stoïciens, on rendit le fameux décret : *Mori licet, cui vivere non placet.*

Même chez les anciens nous trouvons des mobiles semblables à ceux que nous constatons de nos jours. Quelques-uns se tuent pour une grande idée, pour la patrie ; mais c'est que la constitution de la société et de la famille était bien différente de ce qu'elle est à notre époque, où l'on constate au contraire, l'intervention de soucis personnels et de chagrins domestiques.

Pendant tout le moyen-âge, et jusqu'au douzième ou treizième siècle, les suicides furent très rares ; mais à cette époque, il y eut un réveil et comme une fermentation. Le suicide se montra à l'état épidémique, et il frappa même dans les couvents ; c'était une maladie que les moines appelaient *acedia*, et qui n'était autre que le *tædium vitæ* si bien décrit par Sénèque.

Plus tard, le suicide eut ses approbateurs en France dans Montaigne, Montesquieu, Voltaire et Rousseau. A notre époque il augmente d'année en année, et il semble même qu'à mesure que les suicides sont plus nombreux, ils sont provoqués par des motifs moins graves. Il est certain que nous devenons des délicats, presque des cérébraux, et que la proportion des suicides ira croissant jusqu'à ce qu'une forte éducation morale ait donné à chacun la conviction et le besoin d'accomplir ses devoirs sociaux. Quand l'équilibre cérébral vient à se rompre, c'est en général sous l'influence de la prédominance des instincts personnels, et au détriment des instincts nobles et généreux. (Lacassagne. *Précis de Médecine judiciaire*).

Voici la définition donnée par M. le professeur Lacassagne : *Le suicide est le meurtre ou l'assassinat de soi-même.*

L'acte est ainsi défini, mais il n'est rien dit des causes qui le produisent. Il convient donc d'ajouter : cet acte est sous la dépendance d'un état cérébral qui se montre dans quelques maladies, dans l'aliénation mentale, dans une catégorie particulière de criminels.

Nous ne pouvons ici nous occuper des maladies générales ou autres telles que délire avec toutes ses formes, maladies cérébrales, etc., qui se terminent souvent par le suicide. Dans tous ces cas, le malade peut être rapproché de l'aliéné (*alius*, un autre). Il nous suffira de dire que, d'après nous, nous estimons que plus du tiers, peut-être la moitié des suicidés sont des aliénés. Nous retranchons ainsi des résultats fournis par la statistique la moitié des totaux des suicidés, et nous ne nous occupons pour la démonstration spéciale de la thèse que nous soutenons que de ces suicidés qui sont, comme nous l'avons dit, des criminels modifiés par le milieu social. La difficulté, nous en convenons, est d'isoler ce groupe à part, mais comme nous estimons qu'il suit une marche à peu près semblable à celle du groupe précédent et que d'ailleurs les mêmes causes interviennent soit pour augmenter soit pour diminuer ces deux groupes, nous pouvons donc sans grave erreur tirer des résultats généraux des éléments d'appréciation absolument applicables à ce groupe qui fixe particulièrement notre attention.

Sous ces réserves, et une fois admis que les suicidés se composent presque à parties égales d'aliénés et de criminels, nous allons nous occuper maintenant de la catégorie des *suicidés-criminels*.

M. le professeur Lacassagne admet trois types distincts de criminels : des criminels de sentiments, des criminels d'actes, des criminels de pensée.

Les suicidés-criminels peuvent appartenir à ces trois types, mais ils sont rares surtout parmi les criminels de sentiments ou d'instincts, les incorrigibles. Nous allons voir en effet que le suicide n'existe pour ainsi dire pas, est presque inconnu dans les bagnes ou dans les prisons qui renferment les natures les plus criminelles. C'est ce qui ressort manifestement des recherches de Cazauvieilh, de Ferrus, de Lisle, de Brière de Boismont, de Leroy, d'Ebrard, de Lombroso, de Morselli.

Au bagne de Toulon, avant 1818, il y avait 3,922 forçats et cependant parmi cette population si nombreuse, les plus anciens employés de l'administration affirmaient n'avoir pas gardé le souvenir d'un seul suicide. En 1835, au bagne de Rochefort, en 30 années, il n'y avait eu qu'un seul suicide, et celui-ci avait été la conséquence d'une tentative d'assassinat. Au bagne de Brest, de 1818 à 1834, sur une population moyenne annuelle de 2,933 forçats on n'avait compté que 0,706 suicides, ou moins d'un par année.

D'après le Dr Lisle, sur 9,320 décès constatés dans les bagnes de 1816 à 1837 inclusivement, on n'a compté que 6 suicides. Le Dr Ferrus, dans son livre sur les prisonniers et les prisons dit qu'il y a eu seulement 30 suicides en 7 ans (1840-46) dans les différentes prisons centrales, sur une population moyenne de 15,111 personnes. La proportion a été encore plus faible dans les bagnes, où l'on n'a constaté que 5 suicides, de 1838 à 1845, sur une population moyenne de 7,041 individus. Le Dr Brière de Boismont dans son beau livre sur le suicide rappelle ces chiffres et ajoute : « Les voleurs, les assassins de profession, les forçats, les grands coupables ont plus rarement recours à ce moyen violent pour se soustraire à l'expiation pénale, que les détenus d'une perversité moins profonde..... Les morts volontaires dans les prisons s'appliquent, dans la généralité des cas, soit à des individus évidemment fous, soit aux détenus politiques, soit au petit nombre de coupables qui ont cédé à une passion, à un entraînement irrésistible et spontané..... La détention dans les prisons centrales a plusieurs fois été la cause du suicide, et a même conduit à l'assassinat. Peut-être un emprisonnement cellulaire trop rigoureux y contribue-t-il dans une certaine proportion. »

Le Dr Leroy constate que les prisonniers qui se suicident sont ceux qui, mis en prison pour la première fois après un vol peu important par exemple, mettent fin à leurs jours sous l'influence des remords et de la honte.

« Par contre, on voit très rarement attenter à leurs jours des gens ayant toujours été pauvres, des vagabonds, ou bien encore des coquins de profession, en un mot les habitués des maisons centrales et des bagnes. Aussi, dans la maison centrale de Melun, sur une population permanente de 1,500 détenus, n'a-t-on eu à constater pendant une douzaine d'annécs, que 5 suicides, chiffre minime, si on le compare à celui des autres prisons civiles. »

Nous en avons dit assez, il nous semble, pour démontrer d'une manière positive qu'il y a toute une catégorie de criminels qui ne se suicident pas. Nous avons fait voir que c'étaient les criminels de sentiments, ou d'instincts, les incorrigibles. Ce sont les plus défectueux des criminels, ceux qui se rapprochent le plus des natures primitives, des occipitaux par excellence, et on comprend que, dans ces conditions, l'instinct conservateur agisse avec la force et la puissance qu'il a même chez les animaux.

Ceci admis, nous pensons que Lombroso et Morselli n'ont pas été dans la vérité en affirmant que le suicide est plus fréquent chez les criminels.

« Ainsi formulée, la proposition n'est pas juste. Il faut dire que si le suicide est exceptionnel pour les criminels d'instincts, il est au contraire très fréquent parmi les criminels d'actes ou de pensées, c'est-à-dire, parmi les criminels aliénés, les criminels par passion ou par impulsion. » (Lacassagne).

Nous nous expliquons ainsi comment, dans tous

les pays, on arrive à cette constatation que les détenus et surtout les détenus des prisons cellulaires, se suicident plus fréquemment que les individus libres. Ainsi dans le rapport de Bérenger (de la Drôme) sur le projet de loi relatif aux prisons (1874) nous trouvons que le nombre moyen annuel des suicides, calculé pour la période 1866-70 a été de 1.03 pour 1,000 détenus et seulement de 0,19 dans les maisons centrales. Les trois prisons cellulaires de Paris, ont, pendant la même période, pour une population moyenne totale de 33,454 détenus, donné 83 suicides par an soit 2,480 pour un million.

Ce suicide des criminels d'actes ou de pensées a des caractères spéciaux : il se produit dans les premiers jours de la réclusion, provoqué par les angoisses de l'instruction, les craintes du châtiment, le repentir. Quelques-uns y voient un moyen de réhabilitation.

Le nombre de ces suicides déjà si considérable serait triplé, d'après Lombroso, pour l'Angleterre et l'Italie, si on ajoutait les tentatives de suicide.

Il faut bien dire aussi, que parmi tous les criminels, il y a un grand nombre de simulations de suicide. Nicholson pense que sur trois suicides dans les prisons, deux sont simulés.

Il cite le fait d'un individu qui se pendit à l'heure où devaient arriver les gardiens et mourut, ceux-ci étant venus plus tard que de coutume. Pour ces simulateurs, les mobiles sont à peu près toujours les mêmes : c'est un moyen de se venger des surveillants, du directeur, de faire parler d'eux, et parfois ce plaisir de la simulation est si fréquent dans les prisons que celles-ci sont changées en de véritables théâtres.

D'après les motifs de suicide indiqués par la statistique de France, nous relevons le tableau suivant qui indique de 1836 à 1876 les suicides de criminels : ·

Suicides de militaires pour se soustraire à des poursuites judiciaires.			720
Suicides pour se soustraire à des poursuites judiciaires	{	H. 6	309
	{	F. 1	137
Suicides pour se soustraire à un jugement (de	{	H.	480
1836 à 1870)	{	F.	60
Suicides d'assassins, d'incendiaires etc. . . .	{	H. 1	035
	{	F.	89

Ce que nous venons de dire s'applique surtout à ceux que nous appelons des suicides-homicides. Là, il n'y a pas de doute possible : l'individu tue une ou plusieurs personnes et il se tue ensuite. Cette variété de crime est fréquente et leurs auteurs sont ordinairement des criminels par passion. Ce sont des jeunes gens, des célibataires, des militaires pour lesquels ces meurtres ou assassinats deviennent la crise terminale de grands paroxysmes d'amour.

Nous pensons avoir bien mis en évidence ce fait avancé par M. le professeur Lacassagne, c'est que parmi les criminels, il en est, et précisément ce sont les incorrigibles, les plus défectueux, qui ne se suicident jamais. Les aliénés, on le sait, se suicident souvent et il n'est pas étonnant que les criminels-aliénés présentent une fréquence exceptionnelle. Les criminels d'actes ont aussi une fréquence plus grande que les individus libres. Nous avons donc démontré les rapports du crime et du suicide, il nous reste à faire voir par l'étude comparée de la criminalité et des suicides que ceux-ci, dans nos sociétés modernes, ne sont qu'un dérivatif de la criminalité ou mieux une transformation de celle-ci. Plus loin, et à propos de chaque modificateur, nous étudierons l'influence comparée du sexe, de l'âge, de l'état-civil, des saisons, etc.

Etude comparée de la criminalité et du suicide.

Nous savons que dans la plupart des états civilisés de l'Europe et de l'Amérique, le suicide suit une progression ascendante et uniforme, et cette augmentation est plus rapide que celle de la population et de la mortalité générale. Ce nombre croissant des morts volontaires se montre surtout dans les pays du centre de l'Europe, vers le 50ᵉ degré de latitude. Les contrées du midi n'ont qu'une proportion minime de suicides. On a même remarqué que les provinces des Etats du nord ou du sud de l'Europe les plus voisines de cette région centrale dont nous venons de parler sont celles qui offraient la moyenne la plus élevée.

Les statisticiens faisaient remarquer en même temps que si les suicides étaient rares dans les contrées du sud de l'Europe, comme l'Espagne et l'Italie, les crimes de sang y étaient au contraire très fréquents. On était donc porté à voir un certain antagonisme entre les suicides et les crimes contre les personnes, et il faut bien le dire, on s'est laissé séduire par les apparences. On a ainsi négligé tout un côté de la question, les rapports des suicides avec les crimes contre les propriétés. Nous allons faire voir que c'est là cependant le point essentiel.

Mais expliquons d'abord la théorie admise jusqu'à ce jour, celle qui paraissait avoir pour elle les raisonnements et les preuves scientifiques.

En Espagne, en Italie, crime et suicide paraissent s'exclure et dans ces pays où les habitants sont si facilement prodigues du sang des autres, ils ménagent soigneusement le leur. Il y a dans cette phrase quelque chose de vrai. Les crimes de sang sont les crimes spéciaux aux nations barbares et dans celles-ci il n'y a pas encore de crime-suicide de même que nous avons vu qu'il était rarement adopté par les criminels de sentiments ou d'instincts, ceux que M. Lacassagne appelle les incorrigibles ou les occipitaux.

Il faut d'ailleurs ajouter que la théorie semblait vraie même quand on l'étudiait dans notre pays. Elle fut donc acceptée par les statisticiens et moralistes français.

C'est ainsi que Guerry montrait que les crimes contre les personnes sont au sud deux fois plus nombreux (4,9) qu'au centre (2,7) et au nord (2,8) et vice-versa les crimes contre la propriété sont plus nombreux au nord comparativement aux deux autres régions.

Despine a aussi trouvé que le maximum des suicides correspondait au minimum des morts violentes. Ainsi dans 14 départements qui avaient la proportion la plus élevée des crimes de sang, on comptait 30 suicides sur un million d'habitants, pendant que dans 14 autres départements avec une moyenne moins élevée des mêmes crimes, le suicide s'élevait jusqu'à 82 par million. Le même auteur ajoute que le département de la Seine compte sur 100 accusés, 17 crimes contre les personnes et une moyenne de 87 suicides ; en Corse, au contraire, avec 83 o/o de ces mêmes crimes, il y a à peine 18 suicides.

On le voit, d'après ces résultats, l'opposition était formelle et il fallait bien trouver un antagonisme entre le nord et le midi. Eh bien, ces résultats sont défectueux : ils sont vrais pour une partie mais sont faux pour l'ensemble. Les auteurs qui nous ont précédé ont eu surtout un tort, c'est de n'étudier qu'une période embrassant un trop court espace de temps et de généraliser les résultats ainsi acquis. Pour bien interpréter les faits sociaux, il ne faut pas seulement étudier une période mais une succession de périodes, voir le passage de l'une à l'autre c'est-à-dire chercher à apprécier l'évolution et la transformation.

Dans le tableau suivant, nous étudions les mêmes départements de la Seine et de la Corse, par périodes décennales de 1827 à 1879. Nous indiquons d'abord le nombre des crimes et des suicides, puis afin de pouvoir mieux comparer, nous réduisons ces différents nombres à cent.

DÉPARTEMENT DE LA SEINE

Périodes décennales	CRIMES		Suicides	Réduction à 100 des crimes		
	Personn.	Propriét.		Personn.	Propriét.	Suicides
1827–1830	216	2235	847	6	69	25
1830–1840	946	7752	4403	7 2	59	34
1840–1850	1049	7711	4957	7 6	56 2	35 2
1850–1860	1473	5911	6231	10 7	43 3	45
1860–1870	1493	4181	7729	12	31	57
1871–1879	1382	4298	6951	10 5	33 8	55 7

DÉPARTEMENT DE LA CORSE

Périodes décennales	CRIMES		Suicides	Réduction à 100 des crimes		
	Personn.	Propriét.		Personn.	Propriét.	Suicides
1827–1830	220	125	14	61 1	35	3 9
1830–1840	943	190	52	80	16	4 4
1840–1850	1158	178	39	84 2	13	2 8
1850–1860	1075	325	45	74 3	22 5	3 2
1860–1870	497	182	61	67 2	24 6	8 2
1871–1879	532	69	63	80	10 5	9 5

Nous voyons ainsi que dans le département de la Seine les nombres des crimes contre les personnes ont été croissants, les crimes contre les propriétés ont diminué à peu près de moitié, les suicides ont augmenté presque du double. Chaque période décennale, en même temps que les crimes contre les propriétés diminuent, les suicides augmentent et dans des proportions telles qu'il est impossible de ne pas voir une sorte de balancement entre les deux phénomènes, une espèce de substitution du second au premier. C'est surtout manifeste pendant les trois dernières périodes.

Dans le département de la Corse, sur cette terre classique de la *vendetta* qui nous a valu *Colomba*, ce petit chef d'œuvre de Mérimée, les résultats sont aussi démonstratifs et prouvent absolument la thèse que nous avançons. Les crimes contre les personnes diminuent à peu près de moitié ; ils sont pourtant 8 fois plus nombreux que dans le département de la Seine. On peut donc dire que dans cette île, comme d'ailleurs cela se passe en Italie, une partie des crimes-personnes sont transformés en crimes-suicides. Les crimes-propriétés, si on prend la moyenne des différentes périodes, ont diminué presque de moitié, et, pendant le même temps, les suicides ont (en prenant la même moyenne) à peu près doublé. C'est donc la même marche que pour le département de la Seine et nous pouvons dire qu'un certain nombre de crimes-suicides viennent dans la criminalité générale, remplacer les crimes-propriétés; mais que dans les pays ou les crimes de sang abondent, leur diminution effective s'accompagne d'une élévation du nombre des suicides. Ces exemples prouvent bien ce que nous avons déjà dit, c'est que les suicides sont des transformations de la criminalité générale.

Nous allons avoir une nouvelle preuve de ce que nous avançons par l'étude du graphique que M. le professeur Lacassagne a consacré à la marche des suicides pendant la période 1827-1879.

Le tableau graphique comprend trois courbes : les suicides des femmes, les suicides des hommes, une courbe totale de tous les suicides. Nous ne nous occuperons ici que de cette dernière : les deux autres seront étudiées à propos du sexe.

La courbe des suicides est ascendante de 1827 à 1830; le nombre des suicides ne s'élevait pas à 2,000; depuis 1866, ils ont dépassé 5,000 et en 1878 ils atteignent le chiffre de 6,494. Nous trouvons des sommets en 1828, 1829, 1832, et pendant cet intervalle des oscillations, de 1835 à 1846, il y a des ascensions régulières et annuelles un peu plus élevées cependant en 1830 et en 1843. Mais en 1847, année de disette, il y a eu une ascension considérable (plus de 500). On se rappelle que dans la courbe des crimes-propriétés nous avons vu dès cette époque les accusations baisser : par contre dans la courbe des suicides on constate que les suicides augmentent plus rapidement. Il y a une période stationnaire en 1849-50-51, une hausse en 1852, baisse en 1853 (il y eut alors une ascension dans les accusations des crimes-propriétés). En 1854, année de cherté des grains, les deux courbes présentent un maximum.

De 1854 à 1860, les accusations des crimes-propriétés baissèrent rapidement (de 3,800 à 2,000). Les suicides dans cet intervalle s'élèvent de 3,700 à 4,050. Il est certain qu'il y a entre les deux phénomènes une sorte de balancement. Les suicides s'élèvent en 1861-62, surtout en 1865 (alors que les crimes-propriétés atteignent leur minimum), il y a des hausses en 1866, en 1868; des baisses en 1867

en 1869 correspondent à des mouvements inverses dans
la courbe des crimes-propriétés.— De 1871 à 1872 il
y a une forte ascension qui correspond d'ailleurs à
celles que l'on trouve sur toutes les courbes. L'ascension se continue jusqu'en 1874, baisse en 1875
(les crimes-propriétés se sont élevés jusqu'en 1872 et
après un état stationnaire en 1873-1874 ont été baissant jusqu'en 1879). En 1876, 1877, 1878 les suicides ont au contraire énormément augmenté.

Il ressort de cet exposé qu'il y a une relation directe entre les crimes-propriétés et les crimes-suicides.
Quand les premiers éprouvent une augmentation
sous l'influence de la cherté des grains, les suicides
augmentent aussi, mais dès que les crises économiques et agricoles sont évitées et que les crimes-
propriétés diminuent on voit devenir plus nombreux
les suicides.

Ceux-ci, il faut le reconnaître, sont moins in-
fluencés par les crises politiques et le nombre des
morts volontaires en 1832, en 1849-52, en 1871 n'est
pas de beaucoup supérieur à celui des années pré-
cédentes.

Il y a donc aussi des relations entre les suicides
et les crimes-personnes, mais celles-ci sont peu nombreuses et n'ont pas surtout l'importance qu'avaient
cru leur reconnaître Guerry et Despine.

Le suicide — comme la prostitution d'ailleurs —
est un crime complexe : c'est l'aboutissant de toutes
les autres formes de la criminalité : crimes-prostitu-
tion, crimes-personnes, crimes-propriétés. C'est surtout avec ces derniers qu'il est en relation.

Les crimes contre les personnes (crimes de sang) sont le fait de la barbarie : le suicide est le résultat de la civilisation. Les uns sont plus communs chez les gens ignorants, les ruraux, l'autre se montre chez les gens instruits, chez les habitants des villes. Les crimes-personnes ont leur maximum vers 25 ans et déclinent jusqu'à la vieillesse où cependant ils deviennent plus nombreux que les crimes-propriétés. Les suicides n'ont au contraire leur maximum qu'entre 60 et 70 ans.

De même dans la répartition des suicides d'après les saisons, ils semblent suivre la courbe des crimes-personnes et par conséquent, être en opposition avec la distribution des crimes-propriétés, mais la contradiction n'est qu'apparente.

Il faut tenir compte comme causes des suicides non-seulement les crimes-propriétés tels que vols, faux, etc., mais encore des actes semblables qui sous le nom de délit conduisent leurs auteurs en police correctionnelle. A ce point de vue, il n'est pas douteux que l'été favorise singulièrement les vols, surtout les petits vols aussi bien à la campagne qu'à la ville.

C'est d'ailleurs en cette saison qu'il y a le plus d'individus arrêtés. Or, comme nous avons fait voir que les criminels-suicides se recrutaient surtout parmi les criminels d'actes, de passions ou de pensées, il est bien évident que c'est dans la saison d'été que les morts volontaires doivent être les plus fréquentes. Rien de plus commun, en effet, que ces individus qui, surpris en flagrant délit de vol, se tuent pour éviter le châtiment et croient enlever le déshonneur à leur famille par un acte terminal de désespoir. Il faut dire aussi que les préjugés populaires ont attaché au vol une ignominie basse et spéciale dont ne sont pas entourés les crimes de sang. Pour ceux-ci — on ne le voit que trop — ils prennent une certaine auréole de popularité dans l'horreur de leur forfait et, par une de ces contradictions si fréquentes dans l'humaine nature, la grandeur du crime est presque une excuse et dispose à l'indulgence. Le Jury est souvent ainsi impressionné et s'il acquitte parfois des meurtriers, des infanticides, des filles trompées et homicides, il est inexorable pour le voleur vulgaire ou l'escroc imbécile.

Après cette longue discussion, nous concluerons par les réflexions suivantes de M. le professeur Lacassagne : « Les législateurs du moyen-âge avaient bien vu en atteignant et en frappant les suicidés. Ils ne se plaçaient pas au même point de vue que nous, mais sans demander que l'on traîne leur corps sur la claie ou que leurs biens soient confisqués, nous désirons faire une opinion publique, scientifiquement convaincue que la plupart des suicidés sont des criminels. Il faut le dire et le répéter afin que les malheureux qui méditent un pareil acte sachent bien que leur conduite sera flétrie, qu'ils n'ont pas à escompter les regrets que leur désertion coupable produira et que bien au contraire on arrivera de plus en plus à être persuadé que leur attentat doit être considéré à l'égal de celui des meurtriers ou des assassins. Comme ces derniers, les suicidés sont des vaniteux, des égoïstes, ils ont des instincts anti-sociaux. La société ne peut se perfectionner et devenir meilleure que par une heureuse sélection des natures supérieures et sympathiques. Elle voit sans regret spontanément disparaître celles qui sont retardées, égoïstes, dépourvues des qualités généreuses et bienveillantes qui constituent notre civilisation actuelle.

De la Prostitution.

Nous trouvons dans l'ouvrage de Lombroso, l'*Homme criminel,* p. 281, des renseignements intéressants sur la prostitution dans ses rapports avec la criminalité.

Toutes les statistiques sont d'accord pour montrer que le nombre des femmes criminelles est de beaucoup inférieur à celui des hommes. La différence serait encore plus marquée si de ce total on enlevait le chiffre des infanticides. En Autriche, les femmes criminelles n'arrivent pas au 14 o/o du total ; en Espagne, elles constituent le 11 o/o ; en Italie, le 8 o/o.

Les statistiques font ainsi une confusion en ne comprenant pas les prostituées parmi les femmes criminelles. S'il en était ainsi, les deux sexes prendraient une part égale à la criminalité et peut-être verrait-on les femmes devenir supérieures aux hommes. Selon Ryan et Talbot, à Londres il y a eu une prostituée sur 7 femmes ; à Hambourg, une sur 9. En Italie, dit Lombroso, d'après Castiglioni *(Sulla prostituzione, Roma, 1871),* il y en a 9,000 de reconnues, et dans les grands centres on en compte de 18 à 33 pour mille habitants. A Berlin, il y en avait 600 en 1845, et ce nombre s'était élevé à

9,653 en 1863. En 1876, Maxime du Camp évaluait à 120,000 le nombre des prostituées non reconnues à Paris. (*Paris,* tome III, p. 359). M. Lecour, dans son livre sur la prostitution à Paris estime à 30,000 le nombre de femmes vivant de la prostitution : mais il ne définit pas ce qu'il entend par prostitution. C'est qu'il est fort difficile en effet d'apprécier le nombre des prostituées. On n'a des renseignements précis que sur les filles inscrites ou les prostituées des maisons publiques. Voici des chiffres importants que nous trouvons dans le rapport de M. Yves Guyot, au Conseil municipal de Paris (1880).

La moyenne des filles inscrites de 1840 à 1850, était de 3,500 à 4,500.

1855	4,259
1865	4,225
1869	3,731
1872	4,242
1876	4,386
1880	3,582

Le nombre des maisons de tolérance diminue à Paris d'une manière très sensible.

	Nombre des maisons.	Nombre des femmes.
1843	235	»
1855	204	1,852
1869	152	1,206
1874	134	1,092
1880	133	1,107

Voilà des constatations importantes à faire puisqu'à côté de cette diminution de la prostitution officiellement connue, on voit croître d'une façon prodigieuse une prostitution mystérieuse et difficile à apprécier.

Il n'est pas douteux que la prostitution ne soit une forme de la criminalité. Mais si elle est un délit, il est impossible de l'atteindre ou de la frapper par la loi. Comme le suicide, avec lequel elle constitue un dérivatif du crime, on ne l'atteindra qu'en agissant sur les causes qui la produisent. Les esprits les moins prévenus comprennent que les lois et les coutumes ne font pas à la femme la place qui lui est due dans la société moderne, et comme l'a très bien dit Beaumarchais : la femme est majeure par ses devoirs et mineure pour ses droits.

Il est aussi difficile d'apprécier que de définir la prostitution et il n'est pas possible actuellement de dire combien il y a de prostituées en France. Pour Paris même, les auteurs ne s'entendent pas et M. du Camp fixe pour cette ville un chiffre quatre fois supérieur à celui de M. Lecour. C'est que toutes les femmes galantes, les femmes obligées par la misère de faire momentanément commerce de leur corps ne sont pas des prostituées pouvant rentrer dans cette catégorie spéciale décrite par Parent-Duchatelet et par Lombroso.

Les prostituées criminelles ont une physionomie à part, une organisation particulière. Elles ont des antécédents héréditaires et comptent souvent de véritables criminels parmi leurs antécédents : leurs caractères physiques et moraux rappellent tout à fait ceux des criminels. Lombroso montre que la paresse, l'insensibilité, les passions violentes, mais fugaces, les distinguent spécialement.

En résumé, d'après les documents et les renseignements que nous venons de donner, nous croyons qu'il y a une catégorie de prostituées qu'il faut ranger parmi les femmes criminelles. Nous pensons — sans toutefois pouvoir le démontrer encore — que, en comprenant ainsi la criminalité des femmes, le nombre de celles-ci tend à se rapprocher et peut-être à dépasser le nombre des criminels hommes. Mais cette plaie sociale — c'est ainsi qu'on l'appelle — nous parait beaucoup plus grave que celle du suicide. Le suicide, avons-nous dit, est un moyen de sélection sociale, ce sont des natures mauvaises qui s'éliminent spontanément. Pour la prostitution, il n'en est pas ainsi. Quand les prostituées reproduisent, elles engendrent des types aussi défectueux qu'elles. De plus, quand l'âge les atteint, elles se livrent à des métiers suspects et inavouables et, pour la plupart, deviennent les auxiliaires les plus dévoués et les plus certains du crime sous toutes ses formes.

CHAPITRE II

Eléments qui constituent la criminalité et qui doivent fixer spécialement l'attention du médecin.

Toutes les lois qui nous gou-
vernent ne sont pas inscrites
dans nos codes (Lacassagne).

Nous allons étudier dans ce second chapitre les agents ou les facteurs de la criminalité en ne choisissant parmi eux que ceux dont l'action complexe ne peut être bien appréciée que par le médecin. Nous sommes d'ailleurs obligé de restreindre notre étude aux facteurs de la criminalité qui ont été mentionnés dans les statistiques. Cette base nous est imposée et nous ne pouvons nous en écarter. Nous verrons ainsi successivement, et en autant de chapitres distincts, l'influence de la température et des saisons, de l'âge, du sexe, de l'état-civil, de l'instruction, des professions, du milieu social, c'est à dire l'influence des modificateurs d'ordre physico-chimique, d'ordre biologique, d'ordre sociologique. C'est une étude complémentaire et indispensable du chapitre précédent, et, malgré ses imperfections, ce travail, nous l'espérons, mettra en évidence des faits intéressants et signalera les lacunes qui existent dans la science et empêchent actuellement de pouvoir présenter un tableau complet de tous les éléments de la criminalité.

RÉPARTITION MENSUELLE DES CRIMES DE 1827-1870

(Mois réduits à 31 jours)

	Janvier	Février	Mars	Avril	Mai	Juin	Juillet	Août	Sept.	Octobre	Nov.	Déc.	MOYENNE.
Crimes en général.	22 048	22 112	20 443	19 811	21 005	21 628	20 618	20 723	20 459	20 306	21 744	22 490	21 115
Crimes-propriétés..	16 396	15 919	14 322	13 491	13 650	13 595	13 336	13 467	13 901	14 437	16 053	16 879	14 620
Crimes-personnes...	5 652	6 193	6 121	6 320	7 355	8 033	7 282	7 256	6 558	5 869	5 691	5 611	6 495
Suicides en général.	12 558	13 305	15 286	17 435	18 390	19 653	18 161	15 581	13 874	13 267	11 902	11 064	15 039
Suicides-hommes...	9 881	10 301	11 934	13 596	14 282	15 216	14 079	12 101	10 672	10 187	9 110	8 489	11 654
Suicides-femmes....	2 677	3 004	3 352	3 839	4 108	4 437	4 082	3 480	3 202	3 080	2 792	2 575	3 385

Crimes contre les personnes

	Janvier	Février	Mars	Avril	Mai	Juin	Juillet	Août	Sept.	Octob.	Nov.	Déc.	Moy.
Viols sur adultes. .	584	616	643	628	904	1 078	861	794	675	532	531	534	698
Viols sur enfants. .	1 106	1 147	1366	1 756	2 175	2 671	2 459	2 238	1 842	1 447	1 016	993	1 684
Détour. de mineurs.	31	27	31	47	35	42	43	43	38	33	31	13	35
Castration. . . .	2	2	6	5		2	1	9	3	8	2	2	3 5
Mariages (ruraux).	1 074	1 815	454	690	1 265	1 417	1 018	565	673	965	1 499	565	1 000
Bigamie	19	27	8	13	19	11	19	11	16	18	24	13	16
Naiss. illégitimes.	1 100	1 131	1 095	1 134	1 007	947	912	891	923	920	959	978	1 000
Avortements. . .	63	49	74	52	67	81	63	55	58	64	55	61	61
Infanticides . . .	647	750	783	662	666	552	491	501	495	478	497	542	589
Suppres. de part.	23	29	27	24	20	22	17	20	28	8	22	21	21
Assoc. de malfait.	4	10	7	9	2	1	1	5	1	3	3	5	4
Séquest. de person.	7	2	9	8	9	7	4	6	3	8	6	11	7
Faux témoins . .	205	220	221	153	193	179	180	230	99	139	250	251	194
Ch.fer (ob.à la circ.)	3	5	3	3	5	3	4	6	6	12	7	2	5
Dél. con. à des crim.	23	22	17	32	28	39	25	36	25	26	19	22	26
Mend. av. violence.	11	15	11	11	19	13	13	17	13	11	13	13	13
Menaces s. condit.	29	30	31	34	30	30	20	37	24	23	26	29	31
Rébellion	91	103	106	100	96	106	92	110	111	97	95	103	101
Violences jusqu'à effusion de sang envers un fonctionnai.	112	117	98	111	146	131	105	120	127	130	115	126	120
Blessures graves. .	512	597	523	551	620	600	563	612	640	556	596	568	579
Bless. suiv. de mort.	318	340	317	316	363	338	356	385	353	336	364	318	342
Meurtres	560	664	600	574	587	644	614	716	665	653	650	591	628

CRIMES MIXTES

	Janvier	Février	Mars	Avril	Mai	Juin	Juillet	Août	Sept.	Octobre	Nov.	Déc.	MOYENNE·
Révolutions. . . .	15	17	21	18	27	32	30	21	19	27	13	17	21
Assassinats . . .	829	926	766	712	809	853	776	849	839	815	942	866	831
Empoisonnements .	138	146	157	161	185	172	156	93	117	117	100	164	142
Bless. aux ascend.	265	273	243	263	296	314	348	302	278	288	249	283	284
Parricides. . . .	55	48	54	37	60	63	46	53	56	59	54	52	53
Incend. d'édif.habit.	577	607	639	583	545	555	510	656	646	553	576	574	585
Inc.d'édif.non habit.	161	203	191	211	154	143	289	369	281	196	215	204	218

Crimes contre les propriétés (1827-1870)

	Janvier	Février	Mars	Avril	Mai	Juin	Juillet	Août	Sept.	Octob.	Nov.	Déc.	Moy.
Fausse monnaie	155	122	101	141	97	93	79	108	96	95	105	122	109
Faux en éc. de com.	600	598	457	534	480	446	474	527	442	403	509	456	494
Faux en écrit. publ.	317	262	219	219	256	230	235	166	240	216	258	199	235
Faux en écrit. priv.	876	921	692	685	669	591	663	671	671	644	739	848	725
Faux en recrutem.	38	59	64	83	85	85	65	47	54	74	76	48	65
Concussion. . .	19	19	20	20	13	22	21	30	58	28	19	19	24
Dét. de den. publ.	17	3	12	14	10	8	12	8	16	11	3	13	10
Soustract. par un employé de la post.	12	16	33	21	28	21	24	18	21	18	11	14	19
Vol dans les églises	295	204	190	207	155	138	164	149	140	181	240	216	190
Vol sur un chemin, sans violence.	231	241	206	171	216	186	223	224	215	219	270	268	222
Vol sur un chemin. av. violence. . .	247	210	188	149	170	154	139	124	150	203	221	233	192
Vol p. un domestiq.	2 716	2 437	2 189	2 087	2 259	2 404	2 190	2 302	2 557	2 607	2 540	2 839	2 442
Abus de confiance.	262	261	264	250	220	214	267	272	312	285	231	259	258
Vol à l'aide de viol. hors la voie publiq.	168	218	186	142	122	132	102	129	139	156	172	172	154
Vols qualifiés . .	9 203	8 966	8 159	7 565	7 690	7 701	7 479	7 262	7 430	8 115	9 273	9 923	8 239
Extorsion de titres ou signatures. . .	74	64	78	53	73	75	58	53	61	56	73	71	65
Banquerout. fraud.	132	112	117	103	126	115	129	109	92	110	105	130	115
Destruct. de const.	14	43	18	15	15	20	15	19	12	14	15	20	18
Pillage d'obj. mob. et de grains . . .	37	48	19	34	13	25	12	17	19	5	6	14	20
Dél. con. à des crim.	10	18	15	14	11	16	20	15		40	24	23	19

De la Température, des Saisons.

C'est l'étude d'un des principaux agents d'ordre cosmique. C'est le seul qui fixera notre attention et on comprend que notre travail sera incomplet sur ce point, puisqu'il ne s'occupera que de l'une des grandes forces physiques et négligera les autres parties de la météorologie. Ceux qui connaissent le livre intéressant de M. le professeur Lombroso : *Pensiero e meteore*, s'apercevront bientôt des lacunes et regretteront avec nous que les faits observés ne permettent pas aujourd'hui d'être plus complet.

La statistique de France ne donne la répartition des crimes par mois que de 1827 à 1870. C'est cette période de quarante-trois ans qui va servir de base à nos recherches.

Dans sa leçon d'ouverture, M. le professeur Lacassagne a publié un tableau graphique qui montre les courbes des crimes-personnes et des crimes-propriétés répartis par saisons et par mois, puis un calendrier criminel qui indique la répartition mensuelle calculée d'après les crimes commis et réduits à 10,000 par an. Le professeur a ensuite étudié la physionomie propre à chaque crime, distribués par différents mois. Nous allons reprendre ce travail et par une autre méthode, ce qui nous permettra, grâce à de nouveaux calculs, de donner aux faits plus de précision et même de mettre en évidence certains détails qui ont jusqu'ici passé inaperçus.

Il est facile de critiquer la composition actuelle des saisons. Les mois qui constituent chacune d'elles ne lui donnent pas une caractéristique suffisante et en font plutôt un mélange indécis de phénomènes opposés.

C'est ainsi que les saisons intermédiaires : le printemps et l'automne tiennent trop ou pas assez des saisons extrêmes, hiver et été, entre lesquelles elles sont placées. Nous préférons, pour notre démonstration, établir des saisons composées de mois présentant des jours de même durée, des températures à peu près uniformes ou complètement opposées. Il est assez naturel que nous agissions ainsi, puisque nous voulons étudier l'influence, sur la criminalité, de la température et de la longueur des jours et des nuits.

Nous prenons ainsi des saisons semblables : printemps et automne et des saisons opposées : été et hiver. Nous adoptons la marche suivie par les phénomènes constatés sur les végétaux et nous avons aussi au milieu de chaque saison un équinoxe ou un solstice. L'année commence en février, au moment de la circulation de la sève, ce sera le printemps un mois et demi avant l'équinoxe de mars. Les saisons se répartiront ainsi : *Printemps* (février, mars, avril — équinoxe). *Eté* (mai, juin, juillet — solstice). *Automne* (août, septembre, octobre — équinoxe). *Hiver* (novembre, décembre, janvier — solstice).

Cette manière de considérer les saisons et d'attribuer à celles qui peuvent se rapprocher ou s'opposer un même nombre d'heures de jour, d'heures de nuit une température semblable ou tout à fait différente, est en rapport avec l'idée qu'on doit se faire du crime.

Le crime est comme un travail : plus il y aura de temps qui puisse lui être consacré, plus il y aura de probabilités pour un nombre de crimes plus grand. On a eu tort de négliger cette donnée et de n'attribuer les maxima des crimes-personnes en été, et des crimes-propriétés, en hiver, qu'à la chaleur pour les premiers, qu'à la misère et au froid pour les seconds.

Il faut tenir compte des excitants du crime et des moyens ou circonstances extérieures dont il a besoin pour son exécution, des causes qui le produisent et des facilités qu'il a pour s'accomplir. Avec le maximum des températures élevées coïncident les longs jours. Les longues nuits d'hiver se montrent en même temps que les grands froids et la misère, et par conséquent on peut dire que les crimes-personnes sont en raison directe de la température élevée et de la longueur du jour, et que les crimes-propriétés sont dans le même rapport avec la longueur des nuits et les températures basses. Dans les uns ou dans les autres, le criminel choisit le moment favorable. Pour les crimes-personnes, le jour est nécessaire, on cherche l'homme; dans les crimes-propriétés, on l'évite, et l'obscurité, la nuit, deviennent des auxiliaires indispensables.

Les saisons ainsi délimitées, il faut dire quelques mots de la distinction du crime admise par les statistiques. Celles-ci font deux grandes catégories :

crimes-personnes et crimes-propriétés. Cette division, en rapport avec les lois, ne peut satisfaire complètement le médecin ; elle s'occupe trop du but ou des moyens, sans tenir compte des causes.

Aussi, tout en admettant les catégories indiquées à la page 8, nous dirons qu'il y a des crimes qui peuvent être rapprochés pour mieux être étudiés, ce sont ceux qui sont sous la dépendance de l'instinct sexuel : ainsi les viols, les infanticides, les avortements, la bigamie, la castration, l'enlèvement et la suppression d'enfants, etc.

D'autres sont sous la dépendance de l'instinct destructeur, provoquée par une excitation ou une passion ; tels sont le meurtre, les violences, les blessures graves ou mortelles, les menaces sous condition, la mendicité avec violence, la rebellion.

Il en est enfin, que l'on peut appeler des *doubles crimes ou crimes mixtes* et qui tiennent à la fois des crimes-personnes et des crimes-propriétés, ce sont : l'assassinat, l'empoisonnement, le parricide, les blessures envers les ascendants, les incendies.

Il faut aussi remarquer que beaucoup de crimes sont spéciaux à certains milieux sociaux. Ainsi les crimes de sang sont plus fréquents chez les ruraux que chez les urbains, c'est le contraire pour les viols sur enfants. Le parricide, l'empoisonnement, restes de mœurs barbares, sont la triste spécialité des campagnards ou des gens sans instruction.

Nous allons dire maintenant comment nous avons construit un tableau indiquant la répartition mensuelle des crimes. Nous regrettons que des considérations personnelles nous aient empêché de publier une planche qui aurait singulièrement favorisé notre démonstration.

Dans l'étude des saisons, le tracé rectiligne doit être remplacé par le tracé circulaire. En effet, l'ordre de succession des saisons, étudié pendant une période de 43 ans, forme un tout cohérent et elles se transmettent tour à tour, la lumière ou la température croissantes ou décroissantes.

Dans le tracé circulaire, il faut d'abord réduire la criminalité des mois à 31 jours, ensuite à 1,200, ce qui donne une moyenne mensuelle de 100. La circonférence sur laquelle on inscrit le tracé est divisée en douze triangles égaux : l'arc de cercle qui sous-tend chaque triangle est à son tour divisé en dix divisions de 1 centimètre. Ceci fait, on transcrit sur la circonférence les nombres de chaque mois, on joint les deux extrémités de l'arc au centre et l'on obtient un triangle dont la base ou l'écartement sur la circonférence donne le nombre de la criminalité mensuelle. On peut aussi si l'on veut être complet colorer ce triangle à une hauteur plus ou moins élevée, suivant le nombre de crimes, et le tracé peut ainsi se lire en parcourant la circonférence ou en examinant la hauteur de chaque triangle. Les équinoxes et les solstices sont marqués par deux diamètres qui, pour la plupart des crimes, seront à peu près perpendiculaires, et on a soin, bien entendu. de commencer par le mois de septembre afin qu'il se trouve dans sa position par rapport à la ligne équinoxiale.

De plus, au moyen d'un cercle concentrique et d'après la hauteur moyenne du triangle colorié, on a l'indication de la criminalié moyenne mensuelle, ce qui facilite la recherche des maxima et des minima.

L'étude successive des mois est préférable à celle des saisons en bloc : cette dernière n'est vraiment utile que lorsqu'on a affaire à des crimes trop peu nombreux mensuellement, mais dont le total permet certains rapprochements ; c'est ce qui arrive, par exemple, pour la castration.

La certitude des déductions est en rapport :

1° Avec un total plus élevé de crimes connus et par conséquent un moins grand nombre de crimes inconnus ;

2° Avec les écarts d'oscillation plus ou moins sensibles au dessus et au dessous de la moyenne ;

3° Avec la constance des maxima et des minima, au même mois dans chaque période décennale, ou quelquefois dans le mois voisin (viols, suicides).

Il est certain aussi qu'un nombre plus considérable de mois au-dessus de la moyenne, par exemple le parricide, indique pour ce crime spécial sa répartition à peu près égale dans chaque mois, d'où on peut conclure à une criminalité spécifique moins impressionnable aux circonstances extérieures. De même, un nombre de mois moins considérable au dessus de la moyenne, montre alors une concentration plus grande de la criminalité : ainsi pour les viols sur les adultes.

Tout cela d'ailleurs s'explique bien par la lecture des tableaux de la page 46, où l'on trouvera tous les chiffres relevés.

Pour étudier fructueusement l'influence des saisons sur la criminalité, il est nécessaire de procéder du connu à l'inconnu. On nous permettra un rapprochement de ces phénomènes avec ceux de la végétation avec lesquels ils présentent une certaine analogie d'évolution que nous allons chercher à mettre en lumière.

Les phénomènes de la marche de la végétation donnent la moyenne vraie mais non arithmétique de l'action des agents météorologiques ; ils indiquent surtout les effets de la température nécessaire à la progression des phénomènes vitaux. Leur étude est d'ailleurs moins complexe, car les végétaux ne subissent que les influences du milieu cosmique.

En février, il y a circulation de la sève printanière, puis la floraison en mars ; en avril ce sont des changements météorologiques importants sous la dépendance de la lune : des gelées tardives sur lesquelles M. de Parville a publié des notes intéressantes dans le *Journal officiel* (1881), à propos de la lune rousse. Le summum de la végétation (fécondation, etc.) se montre en mai et juin ; en juillet il y a un état à peu près stationnaire et une décroissance. Vers août on constate un phénomène de second printemps (sève d'août, seconde foliaison ou floraison) puis graduellement la vie végétative décroît, semble disparaître et sommeiller pendant les derniers mois.

Nous allons voir aussi dans l'étude des différentes criminalités, une première ascension en février, une baisse en avril, un summum en juin (c'est le mois aphrodisiaque pour toute la nature, l'époque des conceptions, des viols), une nouvelle ascension en août. Ainsi les différents crimes-personnes qui présentaient des maxima au nombre de 6 en juillet, en ont 10 en août, et 8 en septembre.

Beaucoup de crimes-personnes, ceux où la cupidité n'intervient pas, suivent une marche absolument parallèle à celle de la température ou de la végétation. Mais si l'on réunit ensemble tous les crimes-personnes, on voit que le tracé obtenu parti du maximum en hiver, atteint son apogée vers le milieu de l'été, puis redescend graduellement jusqu'à la saison froide. On peut même dire que ce tracé est celui de la marche de la criminalité générale. Les crimes-propriétes ne font seuls exception à cette loi qu'en apparence. Les vols-délits sont plus fréquents en été, ainsi que nous l'avons déjà dit, et c'est d'ailleurs dans la saison chaude, que les relations sont plus fréquentes et qu'un plus grand nombre d'objets peuvent être volés aux champs et à la ville.

L'hiver est l'époque de la pire, mais non de la plus nombreuse criminalité. C'est la saison favorable aux crimes longuement prémédités, à ceux où la cupidité domine, à ces crimes-mixtes dont nous avons parlé, qui, comme l'empoisonnement, le parricide, l'incendie participent à la fois des deux criminalités et peuvent par conséquent présenter deux maxima. un en hiver et un en été.

Un autre exemple prouvera le parallélisme des phénomènes de végétation et de criminalité. Si on additionne par mois les maxima des crimes les plus graves contre les personnes, on arrive à ce résultat :

Février 5 — Mai 10 — Août 10 — Novembre 5
Mars 5 — Juin 11 — Sept. 8 — Décembre 6
Avril 3 — Juill. 6 — Octob. 5 — Janvier 3

Ce tableau montre nettement l'influence de février (sève du printemps), d'avril (lune rousse), de mai et juin (floraison et fécondation), d'août (seconde sève), puis la chute hivernale (arrêt de la végétation d'octobre à janvier.

Mais il faut bien le dire, d'autres éléments interviennent et nous devons en tenir compte. Il est vrai qu'en février il faut compter avec l'influence du carnaval (c'est le moment où les rebellions, les meurtres, les blessures graves sont au maximun ; en avril il y a une chute considérable qu'il faut attribuer en partie à l'influence religieuse de Pâques. Que l'on n'oublie pas qu'un grand nombre de crimes sont commis par des ruraux et on s'expliquera ainsi comment le parricide est à son minimum pendant ce mois.

L'examen des crimes-propriétés nous montre qu'ils suivent aussi la marche de la végétation. Ainsi le vol domestique a une chute en avril, une légère ascension en juin, une hausse en août, puis sommet élevé et prolongé d'hiver qui est la caractéristique de presque tous les crimes-propriétés. Il en est de même pour les vols commis sur un chemin avec ou sans violences, pour les vols qualifiés.

L'étude comparée de chaque saison donne un nombre opposé de crimes-personnes et de crimes-propriétés. Cependant si l'on additionne les maxima de chaque saison, on arrive à ce résultat que la cri-

minalité est à peu près la même dans chaque saison :
s'il y a plus de crimes-personnes, il y a moins de
crimes-propriétés, ou l'inverse. C'est ce qu'indique ce
tableau :

Saisons	Crimes-personnes	Crimes-propriétés	Total
Hiver	7	15	22
Printemps	11 .	11	22
Eté	16	6	22
Automne	17	5	22

Nous voyons ainsi que l'hiver a le maximun
des crimes-propriétés et le minimum des crimes-personnes, et ces derniers crimes, nous l'avons dit, sont
des crimes doubles ou mixtes

Le printemps est une saison à criminalité moyenne
pour les crimes-personnes et les crimes-propriétés.
L'été a un grand nombre de crimes-personnes et peu
de crimes-propriétés, sa criminalité diffère peu de
celle de l'automne qui lui est cependant un peu supérieure. La criminalité de l'hiver est à opposer à
celle de l'été et de l'automne, entre ces deux extrêmes se trouve le printemps. On voit donc qu'en par-
tant de l'hiver, chaque saison dépend surtout de celle
qui la précède : pour les crimes-personnes allant en
proportion croissante, et pour les crimes-propriétés
allant en proportion décroissante. C'est l'automne qui
est certainement la saison la plus criminelle au point
de vue des crimes-personnes : il faut l'attribuer à la
douceur de sa température, aux longues oisivetés qui
se montrent alors et s'accompagnent de libations pro-
longées. Il y a un rapport certain entre l'oisiveté et

le crime — plus un peuple est paresseux, plus il est criminel — et il n'est pas de plus puissant argument pour rendre hommage à la nécessité et à la dignité du travail.

Avant de terminer cette étude des saisons, nous voulons donner quelques renseignements spéciaux sur certains crimes qui intéressent spécialement le médecin-légiste. Il sera facile d'ailleurs par l'examen de nos tableaux de compléter l'étude de chaque crime en particulier.

Les *viols sur adultes ou sur enfants* nous font voir une condensation spéciale de ce crime en mai, juin juillet et août. Ils croissent en proportion des jours et non de la température, car ils baissent en juillet et août avec la diminution du jour, malgré la température qui se maintient quelquefois supérieure à celle de juin. La diminution de ces crimes est d'ailleurs plus lente que leur ascension qui se fait rapidement. Pour tout ce qui a trait à l'instinct sexuel il faut regarder ce qui se passe dans la nature. Le plus grand nombre de plantes sont fécondées en mai-juin ; pendant ces mois, le rut est plus fréquent chez les animaux. L'hiver est au contraire une période d'hibernation testiculaire et les organes de certains animaux ne secrètent pas alors de spermatozoïdes. Il n'est donc pas étonnant que le maximum des viols ait lieu en juin. Ajoutons, que Malassez a montré qu'en été notre sang contient 500,000 globules rouges par millimètres cubes de moins que l'hiver.

L'homme est donc anémique l'été, sa nutrition est diminuée et physiologiquement il devient cérébral : on s'explique ainsi que l'instinct sexuel acquière une puissance telle qu'il montre dans ses satisfactions plutôt l'effet d'une excitation que l'accomplissement d'une fonction.

Pour la *bigamie*, il est curieux de relever une marche parallèle et identique à celle des mariages, il y a les deux maxima de février (carnaval) et de novembre (après les récoltes) et les deux minima consécutifs que l'on peut attribuer en avril aux restrictions de l'église-catholique, en décembre aux nombreux payements de la fin de l'année.

Le tracé annuel du *meurtre* est manifestement en rapport avec les années de bonne récolte de vin. Cette influence n'est pas aussi évidente dans les courbes mensuelles. Cependant en février, il y a un maximum assez marqué. Les mois de novembre et d'octobre ne présentent pas une élévation spéciale, la décroissance se faisant régulièrement jusqu'en janvier. Il nous paraît que le vin étend son action d'une façon uniforme sur tous les mois de l'année, toutefois il intervient spécialement dans les mois de désœuvrement et de fêtes nombreuses.

L'assassinat est un double crime. Il a une ascension en juin, et alors il a pour mobile la passion ou la folie : un certain nombre d'assassins sont des fous, et cette époque est celle du maximum de la folie.

Ce crime est surtout fréquent en hiver, le maximum a lieu en novembre (argent des récoltes) puis en février (période de débauche). Il présente aussi les chutes d'avril et de juillet et l'augmentation en août. L'étude comparative des courbes de l'assassinat et de l'empoisonnement fait voir qu'ils se complètent mutuellement : à chaque maximum de l'un correspond un minimum de l'autre.

L'empoisonnement est aussi un double crime. Il a un maximum en hiver, puis un en mai, et se maintient très élevé en juin et juillet. Nous nous sommes demandé si ce sommet de mai ne pourrait pas tenir à ce fait : que la femme surtout empoisonneuse est plus impressionnable à l'influence de la chaleur, ce qui permettrait de croire en même temps que les empoisonnements d'été sont plutôt sous la dépendance de l'instinct génésique (adultère, etc.) L'empoisonnement est un crime de famille et, sous plus d'un rapport, sa marche ressemble à celle du parricide : tous deux sont en relation directe avec la durée de la vie de famille.

Le parricide est le crime des paysans ignorants. Sa marche est celle de l'assassinat et de l'empoisonnement. Il a une chute considérable en avril qui ne peut s'expliquer par les froids subits de ce mois, mais qu'il faut regarder comme un effet de l'influence religieuse de Pâques. En mai, juin, il y a l'action de la chaleur. Or, un certain nombre de parricides sont aliénés ou bien près de l'être, et le maximum des parricides en ce moment de l'année est en rapport avec celui de la folie.

Les blessures envers un ascendant sont des parricides manqués. Ces deux crimes suivent à peu près la même marche. On peut même, au point de vue de leur étiologie contester l'influence de la misère. En effet, on ne voit pas augmenter l'un ou l'autre de ces crimes pendant les années de cherté des grains ou de disette. Ainsi, en additionnant les blessures envers ascendants pendant les trois mois de l'hiver 1847, on trouve une moyenne de 7 de ces crimes par mois, alors que la moyenne mensuelle de l'année est 8. De même pour le parricide, le même hiver nous trouvons 3 parricides, soit un par mois, alors que la moyenne mensuelle est 1, 5. Le parricide est un crime de cupidité, froidement calculé. On ne tue pas un père qui ne possède rien, à moins cependant d'être aliéné. Il y a au contraire une certaine augmentation de ces crimes pendant les périodes révolutionnaires, c'est qu'on espère que le crime passera inaperçu, à la faveur des troubles politiques. Ainsi pendant les trois mois de l'hiver 1848-49, il y eut 7 parricides (soit 2, 3 par mois) et 26 blessures contre ascendants (8, 7 par mois) c'est-à-dire un peu plus que la moyenne mensuelle.

Pour l'*Infanticide*, il faut comparer sa marche à celle des naissances illégitimes : les deux tracés sont à peu près parallèles. De l'étude de la courbe des infanticides on peut dire que cette courbe ressemble tout à fait à celle de la natalité, qu'en intervertissant de 9 mois les données, on a presque la courbe des viols. Ces deux crimes, on le comprend, sont sous les mêmes influences dont les plus puissantes sont celles de la chaleur (période génésique) et des fêtes.

De l'Age.

Nous allons d'abord exposer l'influence générale de l'âge sur la criminalité ; nous montrerons ensuite les résultats qui nous sont fournis par la statistique criminelle de France, en insistant spécialement sur l'âge où la criminalité est maximum, sur le rapport de l'âge avec le sexe des accusés, avec les crimes contre les propriétés ou contre les personnes et même avec la nature de certains crimes qui intéressent particulièrement les médecins-légistes.

Voici comment Quételet fait voir l'influence de l'âge :

Parmi toutes les causes qui influent pour développer ou pour arrêter le penchant au crime, la plus énergique est sans contredit l'âge. C'est en effet avec l'âge que se développent les forces physiques et les passions de l'homme; et que leur énergie décroît ensuite; c'est aussi avec l'âge que se développe la raison qui continue à croître encore lorsque déjà les forces et les passions ont dépassé leur maximum d'intensité. En ne considérant que ces trois éléments, la force, les passions et la raison de l'homme, on pourrait presque dire, à priori, *quels doivent être les degrés du penchant au crime aux différents âges. Ce penchant en effet doit être à peu près nul aux deux extrémités de la vie, puisque d'une part les forces et les passions, ces deux puissants instruments du crime, ont à peine pris naissance, et que d'autre part leur énergie, à peu près éteinte, se trouve amortie encore par l'influence de la raison; le penchant au crime au contraire doit être à son maximum à l'âge où les forces et les passions ont atteint leur maximum, et où la raison n'a pas encore acquis assez d'empire pour dominer leur influence combinée.*

D'après le même auteur c'est vers l'âge de 25 ans que se présente le *maximum* du nombre des crimes des différentes espèces ; cependant ce maximum se trouve avancé ou retardé de quelques années pour certains crimes, selon le développement plus ou moins tardif de quelques qualités qui sont en rapport avec ces crimes. « Ainsi le penchant au vol, qui est un des premiers à se manifester, domine en quelque sorte toute notre existence ; on serait tenté de le croire inhérent à la faiblesse humaine qui le suit comme par instinct. Il s'exerce d'abord à la faveur de la confiance qui règne dans l'intérieur des familles, puis se manifeste au dehors et jusque sur les chemins publics, où il finit par recourir à la violence, lorsque déjà l'homme a fait le triste essai de la plénitude de ses forces en se livrant à tous les genres d'homicides. Ce funeste penchant est moins précoce cependant que celui qui, vers l'adolescence, naît avec le feu des passions et les désordres qui l'accompagnent, et qui pousse l'homme au viol et aux attentats à la pudeur, en commençant à chercher ses victimes parmi les êtres dont la faiblesse oppose le moins de résistance ; à ces premiers excès des passions, de la cupidité et de la force, se joint bientôt la réflexion qui organise le crime, et l'homme, devenu plus froid, préfère détruire sa victime en recourant à l'assassinat et à l'empoisonnement.

Enfin ses derniers pas dans la carrière du crime sont marqués par la fausseté qui supplée en quelque sorte à la force. C'est vers son déclin que l'homme pervers présente le spectacle le plus hideux ; sa cupidité, que rien ne peut éteindre, se ranime avec plus d'ardeur et prend le masque du faussaire ; s'il use encore du peu de forces que la nature lui a laissées, c'est plutôt pour frapper son ennemi dans l'ombre ; enfin si ses passions dépravées n'ont point été amorties par l'âge, c'est sur de faibles enfants qu'il cherchera de préférence à les assouvir. Ainsi ses premiers et ses derniers pas dans la carrière du crime sont marqués de la même manière, du moins sous ce dernier rapport ; mais quelle différence ! ce qui était en quelque sorte excusable chez le jeune homme, à cause de son inexpérience, de la violence de ses passions et de la ressemblance des âges, devient chez le vieillard le résultat de l'immoralité la plus profonde et le comble de la dépravation.

Nous venons de voir que Quételet place le maximun de l'âge vers 25 ans (1). Dans une des planches de son ouvrage, il donne une courbe qui indique aux différents âges les degrés de penchant au crime et l'on voit que le point maximum de la courbe est atteint dans la période comprise entre 20 et 25 ans.

M. le professeur Lacassagne dit au contraire : « Le maximum des crimes, pour les deux sexes, se montre entre 25 et 30 ans. Le cinquième de tous les crimes est commis dans cette période de cinq années. » C'est au moins ce qui se passe pour la France, et l'erreur de Quételet provient de ce que ses calculs ont porté sur une période trop courte.

---

(1) C'est aussi l'âge indiqué par Messedaglia (*La statistica della criminalità*, Romà 1879).

Nous allons d'ailleurs avoir de nouvelles preuves de ce que vous venons d'avancer en étudiant les deux tableaux graphiques sur l'âge faits par M. le professeur Lacassagne.

Le 1er tableau graphique présente cinq courbes indiquant successivement au dessous de seize ans, de 16 à 21 ans, de 21 à 25 ans, de 25 à 30 ans, de 30 à 35 ans, de 35 à 40 ans, de 40 à 45 ans, de 45 à 50 ans, de 50 à 55 ans, de 55 à 60 ans, de 60 à 65 ans, de 65 à 70 ans, de 70 à 80 ans, de 80 ans et au delà, la marche de la criminalité à chacune de ces périodes de la vie (périodes indiquées par les statistiques).

Afin d'avoir des résultats comparables, nous supposons tous les crimes de mille par an et pour toutes les périodes. Il nous est possible d'avoir ainsi une courbe pour tous les crimes, pour les crimes contre les propriétés, pour les crimes contre les personnes, pour les accusés hommes, pour les accusées femmes. Nous voyons de suite que le maximum correspond à la période de 25 à 30 et que la période moyenne est celle de 45 à 50 ans.

Nous constatons aussi que si l'homme est plus précoce que la femme et atteint plus vite qu'elle un chiffre élevé, la femme, au contraire, perd moins vite sa criminalité. De 16 à 25 ans il y a un plus grand nombre de crimes contre les propriétés, de 25 à 30 ans, âge de la plénitude des forces, les crimes contre les personnes sont plus nombreux, de 30 à 40 ans les crimes contre les propriétés redeviennent plus fréquents, de 40 à 50 ans, ces deux sortes de crimes sont à peu près égaux ; après 50 ans les crimes contre les personnes (ce sont surtout les viols et attentats à la pudeur) sont supérieurs aux crimes contre les propriétés jusqu'aux derniers âges de la vie, ce qui montre bien que les passions sont alors plus impérieuses que les besoins.

Le second graphique va nous fournir des résultats encore plus intéressants. On va en trouver les données dans les tableaux, pages 73 et 74.

Chaque période d'âge étant supposée d'un million de vivants, nous avons 4 courbes superposées : celle des accusés hommes, celle des crimes contre les propriétés, celle des accusées femmes, celle des crimes contre les personnes. Si l'on veut bien apprécier les rapports entre les deux sexes, et entre les deux crimes, il faut se rappeler qu'il y a à peu près 5 fois plus d'accusés hommes que de femmes et qu'il existe deux fois plus de crimes contre les propriétés que contre les personnes.

Nous voyons alors qu'avant 16 ans il y a plus d'accusés hommes que de femmes, que de 15 à 25 la proportion dont nous avons parlé entre les accusés des deux sexes tend à s'établir, que de 25 à 30 il y a le maximum pour les hommes et les femmes, avec cependant une supériorité pour ces dernières, supériorité qu'elles conservent d'ailleurs pendant toute leur vie sexuelle, c'est-à-dire jusqu'à 50 ans. Après 50 ans jusqu'à la fin de la vie, les hommes redeviennent supérieurs et vers la dernière période, l'écart est tel que l'on peut dire que l'homme a une criminalité deux fois plus forte que celle de la femme.

Pour les relations, aux différents âges, des crimes contre les personnes et contre les propriétés, nous trouvons de nouveau la confirmation des observations que nous avons faites à propos du 1er paragraphe.

Etudions maintenant les rapports de l'âge et du suicide. Nous allons mettre en évidence des faits intéressants et surtout des relations avec les résultats déjà acquis qui seront ainsi confirmés et prouvés.

M. le professeur Lacassagne a fait un graphique sur la marche du suicide aux différents âges. Il a fallu tenir compte des périodes de la vie admises par la statistique qui, pour les suicides, a adopté des périodes décennales : au dessous de 15 ans, de 16 à 21 ans, de 21 à 30 ans, de 30 à 40 ans, etc., de 70 à 80 ans, de 80 et au delà. Notons aussi que nous supposons chaque période d'âge composée d'un million d'individus. De plus, nous avons choisi, pour le rapport avec la population, le recensement de 1872-76, dans lequel conformément d'ailleurs aux décisions du dernier congrès de statistique, les décès n'ont pas été rapportés à la population moyenne, mais bien aux vivants de chaque âge : (nombre qui s'obtient en ajoutant à la population moyenne comprise entre deux âges successifs, la moitié des décès survenus dans l'intervalle). *(Statistique de la France, 1877.)*

Le graphique présente 3 courbes : celle de tous les suicides, les suicides des hommes et ceux des femmes.

Nous voyons d'abord que ces courbes, dans la disposition de leurs sommets, sont opposées à celles dont nous venons de parler sur l'âge des criminels. Le maximum, avons-nous dit, correspondant entre 25 et 30 ans, après cette époque la tendance au crime va diminuant avec la vie. C'est presque le contraire pour le suicide : le maximum des suicides a lieu entre 60 et 70 ans.

Il y en a très peu au dessous de 16 ans, ils croissent de 16 à 20 ans et le nombre qu'ils atteignent est presque doublé de 21 à 30. Leur accroissement est moindre de 30 à 40 ans, mais redevient considérable de 40 à 50 ans, ils augmentent à peu près dans les mêmes proportions de 50 à 60 ans, puis un peu moins de 60 à 70 ans, époque à laquelle ils atteignent leur summum. Ils baissent à peine de 70 à 80 ans et après cet âge subissent une diminution assez sensible qui les ramène à ce qu'ils étaient de 50 à 60 ans.

Les suicides d'hommes sont à ceux des femmes dans le rapport de 3, 5, c'est-à-dire qu'en comparant les courbes de ces deux suicides, nous pouvons admettre qu'à une période de la vie, si les relations entre les suicides des deux sexes se maintenaient, il devrait y avoir 3, 5 fois plus de suicides d'hommes que de femmes.

Comparant les courbes des deux sexes, nous trouvons que jusqu'à 30 ans, la femme a une plus grande tendance au suicide que l'homme. Ce n'est pas étonnant, elle n'a pas encore assez de forces pour entrer dans la voie du crime, elle n'est pas émancipée des liens sociaux qui la rattachent à la famille et d'ailleurs c'est la période de la vie où elle est exposée aux amours brisées, aux illusions perdues, à l'abandon, à ces causes diverses qui la poussent au désespoir et ne lui offrent souvent comme alternative que le suicide ou la prostitution.

L'homme, au contraire, est plus précoce ; de bonne heure, il se fait voleur, et nous le voyons encore, les crimes-propriétés qu'il commet, remplacent, pour ainsi dire, les suicides.

Après 30 ans il n'en est plus ainsi, la tendance au suicide est toujours plus forte chez l'homme. Cette tendance augmente chez lui de plus en plus jusqu'à 60 ans. Et c'est de 60 à 70 ans qu'elle atteint son maximum. De 70 à 80 ans et au-delà de cet âge, l'écart entre les deux sexes tend à se rapprocher, et à cette extrémité de la vie, comme au début de celle-ci, il n'y a plus qu'une différence insignifiante, mais ce sont les hommes qui sont supérieurs en nombre.

La courbe des suicides-femmes montre le grand nombre des suicides de 16 à 21 ans, une légère augmentation de 21 à 30 ans avec état presque stationnaire pendant la période suivante de 30 à 40. De 40 à 50 ans, il y a une hausse marquée, accroissement à peu près semblable de 50 à 60 ans, un peu moindre de 60 à 70 ans, et cette augmentation se fait sentir à la période suivante, ce qui donne le maximum des suicides-femmes entre 70 et 80 ans. Il y a ensuite une baisse après cet âge, mais certainement la diminution qui se produit dans les suicides des femmes est moindre que celle qui se montre parmi les suicides des hommes. Cette différence s'explique encore : nous avons vu que vers la fin de la vie, l'homme a une criminalité deux fois plus forte que celle de la femme : plus longtemps qu'elle, il conserve ses forces et se livre au vol, aux faux, etc.. La criminalité de la femme a alors un dérivatif dans le suicide.

C'est de 21 à 40 ans que la femme a le moins de tendance au suicide, c'est alors surtout qu'elle commet le plus de crimes-propriétés, surtout les vols : nous ne croyons pas trop nous avancer en prédisant que dès que les suicides de la femme augmenteront, on verra diminuer le nombre des voleuses devant les assises et les tribunaux correctionnels.

Nous donnons ici un tableau renfermant les accusés suivant les âges, de 1826-79 et les suicides de 1835-79.

AGE DES ACCUSÉS (1826-79)

INDIVIDUS âges de	CRIMES EN GÉNÉRAL			CRIMES-PROPRIÉTÉS			CRIMES-PERSONNES			HOMMES			FEMMES		
	Total	million et p. an	réduits à 1000	Total	million et p. an	réduits à 1000	Total	million et p. an	réduits à 1000	Total	million et p. an	réduits à 1000	Total	million et p. an	réduits à 1000
moins 16 ans	5 673	16	6	3 220	9	5	2 453	7	8	4 829	28	6 2	745	4 5	5
16 à 21	51 585	309	117	37 515	225	130	14 070	84	92	43 886	530	121	7 699	93	104
21 à 25	44 647	393	149	30 342	267	154	14 305	126	139	36 194	667	153	8 453	143	160
25 à 30	48 044	416	158	31 906	276	159	16 138	140	154	39 099	680	156	8 945	154	172
30 à 35	40 351	354	134	27 019	237	137	13 332	117	129	33 432	585	134	6 909	122	136
35 à 40	31 976	289	109	21 581	195	112	10 395	94	103	26 471	475	109	5 505	100	111
40 à 45	24 709	238	90	16 514	159	91	8 185	79	87	20 470	368	84	4 229	82	91
45 à 50	18 310	187	71	12 054	123	71	6 256	64	71	15 145	308	70	3 165	64	71
50 à 55	12 683	143	54	8 071	91	52	4 612	52	57	10 556	239	54	2 127	47	52
55 à 60	8 739	105	39	4 893	61	35	3 846	44	48	7 051	179	40	1 328	32	36
60 à 65	5 520	81	30	2 915	43	24	2 605	38	42	4 629	136	30	891	26	29
65 à 70	3 237	62	23	1 662	32	18	1 575	30	33	2 762	110	24	475	18	20
70 à 80	2 374	36	13	1 065	16	9 2	1 309	20	22	2 037	62	13	323	9	10
80 et pl.	200	19	7	79	5	2 8	121	14	15	175	26	5 8	25	2 7	3
Moyenne		189	71		124	71		65	71		314	71		64	71

AGE DES SUICIDÉS (1835-79)

INDIVIDUS âgés de	HOMMES			FEMMES			SUICIDES EN GÉNÉRAL		
	Total	par million et par an	réduits à 1000	Total	par million et par an	réduits à 1000	Total	par million et par an	réduits à 1000
moins de 16 ans	872	5 6	2 5	391	2 7	5	1 263	8	3
16 à 21	4 558	65	31	2 610	37	63	7 168	104	38
21 à 30	16 989	152	72	5 766	49	83	22 755	201	74
30 à 40	22 316	197	94	5 958	52	89	28 274	250	93
40 à 50	27 516	272	130	7 332	72	122	34 848	345	127
50 à 60	27 743	333	158	7 402	87	147	35 145	420	156
60 à 70	22 414	382	182	6 089	100	169	28 503	482	179
70 à 80	10 767	367	175	3 273	103	176	14 040	470	174
80 et plus	1 965	328	156	751	92	155	2 716	420	156
MOYENNE		233	111		65	111		300	111

Ajoutons, pour tenir compte de tous les éléments qui interviennent dans une question aussi complexe que celle de la criminalité, qu'une grande partie des prostituées se rencontrent parmi les filles mineures. C'est ainsi, que Parent-Duchatelet trouve que 15 o/o des prostituées n'avaient pas atteint l'âge de dix-sept ans. D'après Guerry, 24 o/o des prostituées de Londres étaient au-dessous de la vingtième année. Dans le rapport au Conseil municipal de Paris (budget de 1881), nous trouvons la note suivante remise par l'administration : « Depuis la création de la commission (octobre 1878) jusqu'au 1ᵉʳ septembre 1880, 3,443 insoumises ont été arrêtées ; 2,305 mineures et 1,138 majeures. Le nombre des inscriptions comme filles publiques s'élève pour le même laps de temps à 524 se décomposant ainsi : 510 majeures, 7 âgées de 17 ans et au-dessus, 7 âgées de moins de 18 ans. »

Puisque nous venons de nous occuper des filles mineures, nous allons donner le tableau que nous avons fait, d'après les statistiques, des crimes et suicides commis par des enfants au-dessous de 16 ans, sans distinction de sexe, de 1835 à 1879.

CRIMES ET SUICIDES DES ENFANTS DE *8* A *16* ANS
DE 1835 A 1879

AGES	Au-dessous de 8 ans	A 9 ans	10	11	12	13	14	15	15	MOYENNE
Total										
des crimes.	13	18	41	72	131	212	384	554	1257	302
des suicides.	7	13	15	32	58	98	203	295	451	131
Réduction à mille										
des crimes.	4	6	16	25	48	89	141	208	452	110
des suicides.	6	11	12	27	49	83	172	250	390	110

Un coup d'œil jeté sur ce tableau montre que de 8 à 16 ans. pendant la période de 1835-1879, il y a eu un plus grand nombre de crimes que de suicides; chaque année voit presque doubler le nombre de crimes commis l'année précédente. Pour les suicides, il n'en est ainsi qu'à partir de 14 ans, et pendant la onzième, la douzième, la quatorzième et la quinzième année, les crimes et suicides étant réduits à 1,000, on voit que ces derniers sont un peu supérieurs aux crimes. Ajoutons que les deux moyennes se rencontrent entre la treizième et la quatorzième année.

Du Sexe.

Ainsi que nous l'avons fait pour l'âge, nous étudierons d'abord l'influence générale du sexe sur la criminalité, puis nous ferons voir ce que les statistiques de France nous indiquent sur le nombre des accusés de l'un ou de l'autre sexe dans notre pays.

Nous emprunterons à M. le professeur Lacassagne les renseignements qu'il donne sur ce sujet : « Le penchant au crime serait quatre fois plus fort chez les hommes que chez les femmes. Sur 100 crimes contre les personnes, dit Guerry, les hommes en commettent 86 et les femmes 14 ; sur un même nombre d'attentats contre les propriétés, les hommes en commettent 79 seulement et les femmes 21. Calculant pour une plus longue période (de 1828 à 1880), je trouve que, pour les crimes contre les personnes, il y a eu 92,849 accusés hommes et 18,534 accusés femmes ; c'est-à-dire que sur 100 de ces crimes, les hommes en commettent 84 et les femmes 16.

« Pour les crimes contre les propriétés, il y a eu 181,025 accusés hommes et 37,990 accusés femmes, soit sur 100 de ces crimes : 82 hommes et 18 femmes. Il faut, pour l'appréciation de ces chiffres, tenir compte aussi de la prostitution qui est certainement un des modes de la criminalité chez la femme. »

« La femme, comme le fait observer Quételet, est plus facilement retenue que l'homme par le sentiment de la honte et de la pudeur, par son état de dépendance, ses habitudes plus retirées et par sa faiblesse physique. Les crimes commis par les femmes se répartissent ainsi d'après le nombre des accusées : infanticide, avortement, parricide, blessures envers les ascendants, assassinat, blessures et coups, meurtres.

« Les femmes ne sont donc arrêtées ni par leur faiblesse physique, ni par la gravité de l'attentat. Plus que les hommes, elles conçoivent et exécutent leurs méfaits contre les personnes de leur entourage ; elles assassinent dans l'intérieur de la famille plus souvent qu'au dehors. L'empoisonnement, qui est l'arme des lâches, est plus souvent adopté par elles ainsi que le prouve un de mes graphiques qui montre que depuis 1850 le nombre des femmes accusées de ce crime est toujours supérieur et de beaucoup à celui des hommes. »

Au point de vue des crimes contre la propriété, les femmes commettent surtout des vols domestiques, des vols dans les églises, puis les vols qualifiés, les vols sur un chemin public. Il est facile de s'expliquer leur petit nombre dans les crimes de faux, de banqueroute frauduleuse, de fausse monnaie. Si la femme est d'autant plus entreprenante qu'il y a moins de danger, par suite de l'infériorité de son instruction, il y a certains crimes qu'elle ne peut commettre.

Dans le chapitre précédent, à propos de l'âge, nous avons montré la période maximum pour les deux sexes et fait voir quelle était leur criminalité aux différentes périodes de la vie. Nous allons maintenant étudier, d'après deux tableaux graphiques de M. le professeur Lacassagne, la marche des accusés hommes ou femmes soit dans les crimes contre les propriétés, soit dans ceux contre les personnes, depuis 1826 jusqu'à 1880.

Un premier tableau indique les hommes et les femmes accusés de crimes contre les propriétés. Il y a une courbe pour chaque sexe. Le nombre des hommes est à peu près quatre fois supérieur à celui des femmes.

La courbe des hommes rappelle celle des accusations de crimes contre les propriétés, jugés contradictoirement : mêmes sommets, mêmes baisses et, par conséquent, mêmes causes que celles énoncées au chapitre premier, à propos de la criminalité générale. Depuis 1854, le nombre des accusés hommes a toujours été en diminuant, et, de 4,535 à cette époque, il est tombé à 2,304 en 1859, à 1,929 en 1865, est remonté à 3,087 en 1872, pour retomber à 2,199 en 1879. Dans une période de 54 années, ces accusés ont baissé à peu près de moitié.

Cette baisse est encore plus sensible pour les accusées femmes et celles-ci, pendant la même période, ont presque diminué des trois quarts. Il y a maintenant 6 fois plus d'accusés hommes que de femmes. Ce résultat est d'autant plus important à constater que nous allons voir que le nombre des femmes accusées de crimes contre les personnes a, au contraire, sensiblement augmenté.

Le second graphique nous montre les crimes contre les personnes commis par les deux sexes. Il y a de grandes différences avec ce que nous venons de voir dans le graphique précédent.

Nous remarquons d'abord que le rapport que nous avions constaté au début de la période pour les crimes contre les propriétés, soit 4 fois plus d'hommes que de femmes, et qui, à notre époque, s'est élevé à 6, se trouve, dans les crimes contre les personnes, tout à fait changé.

De 1826 à 1828, il y a six fois plus d'hommes que de femmes ; en 1832, il y en a huit fois plus ; en 1849, six fois plus ; en 1856, (maximum de la courbe des femmes) trois fois plus ; de 1877 à 1878, il y en a quatre fois plus.

Les accusés-hommes de crimes contre les personnes sont restés à peu près stationnaires, tandis que les accusées femmes sont plus nombreuses. Sur la courbe des premiers, nous voyons l'influence des crises politiques : 1832-1835, 1848-1852, 1871-1876. On comprend que la courbe des femmes ne montre pas cette influence qui augmente peu leur criminalité.

Le maximum des femmes accusées a été en 1856 ; il y a eu une autre élévation en 1864 : c'est à peu près dans cet intervalle que les tours ont été supprimés, et, il faut bien le dire, le crime d'infanticide est celui qui augmente le plus le total de la criminalité de la femme.

Mais, nous ne saurions trop le répéter, les statistiques ne nous donnent qu'une idée tout à fait incomplète de la vraie criminalité de la femme. Nous en avons déjà parlé à propos de la prostitution, et il nous faut maintenant ajouter que les crimes qui constituent la triste spécialité de ce sexe, tels que l'avortement, l'empoisonnement, les vols domestiques, les recels, sont précisément ceux qui sont les plus faciles à cacher et sont les moins découverts. Il suffit de jeter un coup d'œil sur le nombre presque dérisoire d'avortements qui sont jugés annuellement : une moyenne de 20 à 25 !

Il nous faut dire maintenant quelques mots sur le sexe dans ses rapports avec le suicide.

Nous savons déjà qu'il est plus fréquent chez l'homme. Dans tous les pays la proportion est de une femme sur 3 ou 4 hommes, de même, ajoute Morselli, que la proportion du crime est de une femme pour 4 ou 5 hommes.

Œttingen pense qu'il existe pour chaque pays une disposition au suicide spéciale à l'un ou à l'autre sexe. C'est ce que montre très bien un tableau publié par Morselli (page 291). Nous voyons ainsi qu'en Suède la proportion des femmes est supérieure à 20 o/o; en Prusse elle est inférieure à ce chiffre. En France, la proportion varie de 21 à 25, sauf pour la période 1866-70.

Ce sont les femmes espagnoles qui se suicident le plus, et il paraît même que la proportion des hommes ne serait jamais inférieure à 71 o/o, celle des femmes étant ainsi égale à 28.8. C'est en Suisse que les femmes se suicideraient le moins.

L'augmentation du suicide constatée dans tous les pays d'Europe ne frappe pas également sur les deux sexes. Dans beaucoup de pays, comme par exemple en Norwège, en Angleterre, en Bavière, en Suède, en Wurtemberg, en France et en Belgique, l'augmentation, pour les dernières années a été plus forte pour les hommes; l'augmentation s'est montrée au contraire pour les femmes en Danemark, Bade, Saxe et Prusse (de 1861 à 1870). Dans quelques pays, comme en Autriche et en Italie, il y a peu de différence entre les deux sexes.

Ainsi en France de 1835 à 1860, il y a annuellement une augmentation moyenne de 30 o/o de suicides d'hommes et seulement de 21 o/o de suicides de femmes. Cependant dans l'intervalle 1839-1858, Blanc constate une augmentation proportionnelle plus grande parmi les femmes.

Il est aussi intéressant de rechercher l'influence du sexe sur la distribution mensuelle des suicides. On voit que les suicides de femmes sont en plus grande proportion pendant toute la saison chaude (Italie, Prusse, Saxe), soit pendant les mois les plus chauds, en juillet pour la Bavière, en juin pour la France. Notons cependant que d'après un tableau que nous avons fait pour les suicides des hommes, le maximum a été toujours en juin, sauf pour la période 1835-1840 (en juillet) et pour la période 1860-1870 (en mai).

Pour les suicides de femmes, le maximum s'est montré

en juillet pour la période 1835-1840
en mai pour les périodes 1840-1850
en juin — — 1850-1860
en mai — — 1860-1870
en juin — — 1870-1879

Tout cela est en rapport avec la nature de la femme, qui ressent mieux l'action des vicissitudes atmosphériques, surtout de l'élévation de température. Il n'est donc pas étonnant qu'avec les premières chaleurs du printemps on voie apparaître chez elle un plus facile développement des maladies mentales et de la tendance au suicide.

On a aussi recherché si la population féminine des villes comparée à celle des campagnes offre une plus grande tendance au suicide.

Cazauvielh, en 1849, se basant sur quelques résultats statistiques, avait prouvé qu'il y a moins de différence entre les deux sexes dans les campagnes que dans les villes. Au contraire, Lisle, en 1856, après des recherches plus complètes, établit que l'habitation des villes favorise, pour les femmes, le développement de la tendance au suicide. Les départements renfermant de grands centres (tels que Paris, Lyon, Marseille, Rouen, Lille, Strasbourg, Bordeaux), ont un rapport proportionnel de une femme pour 2.93 hommes; tandis que dans les autres départements, sans grande ville, le rapport n'est plus que de 1 à 3.25. Morselli est de l'avis de Cazauvieilh : les femmes françaises des villes se suicident — comparativement aux suicides des hommes — moins que celles des campagnes. Il faut tenir compte en effet des milieux sociaux. C'est surtout sur les hommes que la vie urbaine exerce sa funeste influence. Il n'est donc pas étonnant que les suicides des hommes soient précisément en grand nombre à Paris, Londres, Stockolm, Copenhague; mais pourquoi ces mêmes suicides diminuent-ils à Berlin et à Vienne? Est-ce à cause de l'émigration si fréquente actuellement dans la race germanique ?

De l'état-civil

L'état-civil, dit M. le professeur Lacassagne, est la condition faite à un individu par les différents actes sociaux qui constatent ses rapports de parenté, de mariage, etc.

C'est l'étude des liens sociaux qui rattachent un individu aux autres membres de la collectivité.

En répartissant la population totale de la France, non compris les enfants au-dessous de 16 ans, nous avons à peu près, sur 1,000 individus :

	Hommes	Femmes	les 2 sexes
Célibataires.	275	250	262
Mariés	400	400	400
Veufs	50	100	75

On voit, de suite, la différence entre les veufs et les veuves, c'est que les premiers se remarient dans une plus forte proportion. En effet, sur 100 mariages, il y a en moyenne 7 veuves et 13 veufs.

Le tableau que nous allons donner va indiquer comment se répartit la criminalité dans ces trois catégories d'individus, en montrant spécialement leur tendance pour les crimes-propriétés, les crimes-personnes et les suicides.

La statistique distingue les accusés en : *célibataires, mariés ayant des enfants. mariés sans enfants, veufs ayant des enfants, veufs sans enfants.*

ETAT-CIVIL (*Accusés réduits à 1000*)

	CRIMES					SUICIDES		
	en gén.	Propri.	Pers.	Homm.	Femm.	en gén	Homm.	Femm.
Célibataires. . .	550	570	512	5.2	541	345	364	273
Mariés avec enf.	311	308	317	320	256	319	323	295
Mariés sans enf.	84	79	93	83	88	165	158	193
Veufs avec enfants	44	33	62	35	83	109	100	142
Veufs sans enfants	11	10 8	16	10 8	22	62	53	94
Mariés	395	387	410	403	354	484	483	491
Veufs.	55	44	78	45	105	171	153	235

On voit que les célibataires des deux sexes donnent
un nombre proportionnel d'accusés bien supérieur à celui des individus qui sont mariés ou l'ont été. Cette différence se montre dans cet ordre : d'abord les hommes,
puis les femmes veuves, enfin les femmes mariées : ce
sont ces dernières qui fournissent le moins d'accusées.
Les femmes veuves, on le comprend, chargées de pour-
voir aux besoins de la famille, commettent proportion-
nellement plus de crimes que les femmes mariées. De
plus, les femmes mariées commettent rarement des infanticides et des avortements qui, pour les veuves, sont
les moyens de cacher leur honte dans le crime.

Le rapport récapitulatif de la justice criminelle de 1859
à 1860, publié dans le compte rendu annuel de l'année
1860 constatait que le nombre proportionnel des célibataires parmi les accusés avait présenté un accroissement
sensible de 1826 à 1840 et une diminution soutenue de
1841 à 1860. Ce mouvement de descente s'est continué

jusqu'en 1879; il faut tenir compte, bien entendu, de la diminution correspondante du nombre des accusés et qui s'est surtout montrée parmi les accusés de crimes-propriétés. Voici l'explication qu'on en donnait en 1860 et qui peut d'ailleurs s'appliquer à nos résultats :

Il faut tenir compte des deux circonstances suivantes :

1° De l'augmentation du nombre des accusés de viols ou attentats à la pudeur sur des enfants, crimes commis plus souvent par des mariés ou veufs que par des célibataires ;

2° De la réduction considérable du nombre des accusés de vols jugés par les Cours d'assises. Or les voleurs sont fournis par un très grand nombre proportionnel de célibataires.

Quant au suicide, on sait que MM. Bertillon et Legoyt ont montré l'influence bienfaisante du mariage. Ce sont les mariés des deux sexes qui se tuent le moins et les veufs qui se tuent le plus. Pour les hommes, les célibataires viennent immédiatement après. Les femmes, au contraire, se tueraient moins dans le célibat que dans le mariage, d'après M. Legoyt. Il nous semble que ce statisticien a commis une légère erreur en n'interprétant pas toutes les données du problème.

Ce sont surtout les femmes mariées sans enfants qui se tuent le plus, et comme on le voit sur le tableau, leur nombre proportionnel dépasse celui des hommes tandis que pour les mariés des deux sexes, avec enfants, ce sont les hommes qui présentent le plus grand nombre des suicides. Si on compare les mariés suicidés aux célibataires suicidés, ont trouve que les deux chiffres dépassent également la moyenne et il semble que les résultats sont égaux, mais il faut tenir compte de ce que dans la catégorie des célibataires-suicides, il y a surtout des jeunes, ainsi par exemple de 16 à 30 ans, alors que dans la catégorie des suicidés-mariés ils ont dépassé la trentaine et tendent à se composer de plus en plus de gens âgés. Or, le suicide croissant avec l'âge, puisque nous trouvons un résultat égal, il y a moins de suicides parmi les gens mariés, ce qui montre bien que la vie matrimoniale diminue la tendance au suicide.

De l'instruction

L'influence de l'instruction sur la criminalité, le suicide, la prostitution, a été bien étudiée par Guerry, Lisle, Blanc, Maury, Lombroso, Morselli, Legoyt. Nous allons tâcher de donner une idée de l'opinion de ces différents auteurs, avant de présenter les résultats importants qui nous ont été fournis par les statistiques.

Celles-ci classent les accusés en quatre catégories distinctes : *ne sachant ni lire ni écrire, sachant lire et écrire imparfaitement ; sachant bien lire et écrire : ayant reçu une instruction supérieure à ce premier degré.* Il en a été ainsi jusqu'à 1875 ; malheureusement depuis cette époque, on a confondu la 2° avec la 3° catégorie. Il est très fâcheux qu'on ait introduit cette nouvelle division, car cette deuxième catégorie formait une véritable transition entre la 1ʳᵉ et la 3°, et il est incontestable que l'instruction n'est pas encore assez répandue pour que cette catégorie n'ait plus sa raison d'être.

Voici comment la statistique criminelle, dans un

rapport d'ensemble publié en 1860, appréciait le degré d'instruction des accusés.

De 1826 à 1860, le nombre proportionnel des accusés complètement illettrés a décru constamment. Ce nombre n'est plus que de 434 sur 1,000 accusés, de 1856 à 1860 après avoir été

de 456 sur 1,000 de 1851 à 1855
de 509   —   de 1846 à 1850
de 522   —   de 1841 à 1845
de 556   —   de 1836 à 1840
de 584·   —   de 1831 à 1835
de 612   —   de 1826 à 1830

C'était là la démonstration des progrès de l'instruction élémentaire, progrès constatés d'ailleurs par les tableaux de recrutement de l'armée.

On pouvait voir aussi par les tableaux statistiques que l'homme cupide qui sait lire et écrire a, moins souvent que l'ignorant, recours au vol pour satisfaire sa cupidité; il emploie de préférence l'abus de confiance, l'escroquerie, le faux. Il est bien évident que, sous l'influence de l'instruction, les instincts violents viennent s'adoucir. Aussi sur 1,000 accusés de crimes-personnes il y a 470 illettrés; il n'y en a que 434 parmi les accusés de crimes-propriétés.

Les statistiques constataient encore que tous les crimes, à l'exception de l'empoisonnement, du parricide et de la banqueroute frauduleuse, présentaient une diminution notable du nombre proportionnel des illettrés.

L'infanticide se trouve en tête des crimes dont les auteurs se distinguent par leur ignorance. Pour le parricide, on constatait que le nombre des accusés ayant commis cet horrible crime et doués de quelque instruction va diminuant.

M. Maury a nettement indiqué comment il fallait apprécier ce problème difficile des rapports de l'instruction et de la criminalité : « Quant au perfectionnement des individus, il faut reconnaître qu'il a été peu sensible : nos mœurs se sont adoucies à certaines époques ; mais tandis que la brutalité sortait par une porte, le vice rentrait par l'autre. La statistique montre que l'instruction n'est pas tout, et que, pour avoir un véritable thermomètre du progrès moral, il faudrait encore trouver des moyens de mesurer l'éducation. Trop souvent ces mots ont été confondus, quoiqu'ils expriment deux idées distinctes. On peut avoir un grand cœur avec une intelligence faible, et une forte intelligence avec une âme débile. Sans doute, l'éducation implique toujours un certain degré d'instruction, car on ne saurait remplir ses devoirs sans les connaître ; mais la connaissance ne suffit pas en soi-même pour accomplir le bien : si elle est appliquée au mal, au lieu d'améliorer, elle corrompt. L'adoucissement des mœurs n'est pas non plus la conséquence du progrès moral ; il peut n'être qu'un affaiblissement de l'énergie du caractère, et ce que nous prenons alors pour de la vertu n'est que de la faiblesse. Quand la civilisation ne fait que multiplier nos désirs au delà des limites où il nous devient difficile de les satisfaire honnêtement elle ne produit point un progrès, mais une sorte de décadence. »

INSTRUCTION (*Accusés réduits à 1000*)

	PROPRIÉTÉS				PERSONNES				HOMMES				FEMMES			
	ni lire n. écrire	lire, écr. imparf.	b. lire et b. écrire	instruc. supér.	ni lire n. écrire	lire, écr. imparf.	b. lire et b. écrire	instruc. supér.	ni lire n. écrire	lire, écr. imparf.	b. lire et b. écrire	instruc. supér.	ni lire n. écrire	lire, écr. imparf.	b. lire et b. écrire	instruc. supér
1828-30	618	261	103	18	583	282	112	23	568	288	120	24	780	179	39	2
30-40	595	288	93	24	552	319	86	43	541	318	105	36	771	198	28	3
40-50	525	319	126	30	518	347	103	32	481	349	134	36	735	215	47	3
50-60	430	377	137	56	475	385	104	36	409	395	140	26	658	279	56	7
60-70	352	430	159	59	440	429	100	31	551	448	147	54	583	332	78	7 4
70-75	343	436	191	30	405	423	149	23	335	445	188	32	543	346	106	5
MOYENNE	497	341	126	36	491	370	105	34	452	371	131	43	692	250	63	5
Total de 1828-75	98 009	67 517	25 152	7 386	49 004	36 850	10 486	3 407	111822	91 615	32 944	10 536	35 101	12 792	2 694	257

Le tableau que nous publions montre de 1828 à 1875, les accusés des deux sexes, des crimes-propriétés, des crimes-personnes, réduits à 1,000 par période et distribués dans les quatre catégories d'instruction dont nous avons parlé. Le lecteur complètera facilement, par la lecture de ces tableaux, les renseignements que nous allons donner.

Pour les crimes-propriétés, nous voyons que de 1828 à 1875, le total des accusés complètement illettrés a été de 98.009 ; ceux de la 2ᵉ catégorie ont été au nombre de 67.517. Le total de ces deux chiffres comparé à celui des deux dernières catégories indique la proportion considérable des accusés à instruction nulle ou insuffisante comparés aux autres accusés instruits. Ce rapport se maintient d'ailleurs à propos des crimes-personnes.

On voit que le nombre des accusés crimes-propriétés complètement illettrés va en diminuant et qu'il a même baissé davantage que les mêmes accusés crimes-personnes. Pour les accusés de la 2ᵉ et 3ᵉ catégorie, leur nombre a augmenté, mais cette augmentation s'est fait sentir d'une manière plus sensible pour les accusés de crimes-propriétés. Quant aux accusés d'une instruction supérieure, ceux des crimes-propriétés ont été en augmentant jusqu'en 1870, tandis que ceux des crimes-personnes, ont diminué jusqu'en 1860.

Quant à la comparaison des deux sexes, nous voyons qu'il y a plus de femmes accusées complètement illettrées que d'hommes. Dans la période 1828-1875, la moyenne des premières a été de 692, celle des hommes de 452. Le nombre des accusés-hommes sachant lire ou écrire incomplètement, a moins augmenté que celui des femmes de la même catégorie. Il y a eu au contraire un plus grand nombre d'accusés-hommes de la 3ᵉ catégorie. Quant aux accusés d'une instruction supérieure, il suffit de dire qu'il y a eu, dans la période totale 10,536 hommes et 257 femmes. Il semblerait même que depuis 1860, le nombre des hommes va diminuant, tandis que celui des femmes augmente. Remarquons avant de terminer, que l'examen du tableau montre que pour les différents crimes et les deux sexes, la moyenne de la période 1828-1875 tombe entre 1850 et 1860 : l'on peut dire que c'est de cette époque que date l'influence réelle de l'instruction sur la criminalité.

Mais quelle est cette influence ? L'instruction ne détruit pas la criminalité, elle la déplace et la transforme. Il y a une diminution corrélative de certains crimes, des crimes de sang par exemple, mais augmentation de délits, les mêmes crimes atténués, ainsi les coups et blessures ont doublé. Quelques crimes, des délits (propriétés spécialement) se transforment en crimes-suicides.

Certainement, il y a une augmentation de criminalité parmi les classes instruites. Les illettrés au contraire, diminuent, disparaîtront sans doute un jour et avec eux ces crimes barbares, tels que le parricide, l'empoisonnement, qui deviennent de plus en plus rares, et seront considérés plus tard comme les fossiles de la criminalité.

La criminalité ne disparaît pas, mais elle se transforme, et il y a une tendance marquée à une criminalité moindre, ou si l'on veut, plus civilisée. La criminalité tend à se répartir également dans les classes sociales en raison directe de leur nombre, et en raison inverse de l'instruction qu'elles reçoivent.

Quelques mots sur les rapports de l'instruction avec le suicide et la prostitution.

Morselli dit formellement (p. 221) : il est démontré que dans tous les pays, qui ont le bénéfice d'une instruction élevée, on voit croître dans les classes instruites, le suicide et les aberrations de l'intelligence. C'est ce qui se constate en Allemagne, en France, dans toute l'Europe. On pourrait donc, ainsi que l'a avancé Brouc, il y a quelques années, évaluer la moyenne des morts volontaires dans un pays donné, d'après le nombre des écoles qu'il possède. Il faut bien dire que parce qu'il y a concordance entre les deux faits, c'est peut-être un tort que de croire que l'un est sous la dépendance exclusive de l'autre. Chez nous, en France, l'instruction primaire s'est notablement améliorée et alors que, en 1861, le rapport pour cent des illettrés ainsi examinés était de 29.14, en 1876, ce rapport n'est plus que de 16.07. Legoyt, qui discute longuement cette question, pense que dans une certaine mesure, la culture de l'esprit doit, beaucoup plus que l'ignorance absolue, favoriser la tendance au suicide. Le même auteur cite d'ailleurs une phrase caractéristique du docteur Bonomi qui vient pour ainsi dire appuyer la théorie que nous soutenons : « *La tendance au suicide exige un certain développement, un certain degré de civilisation qui, s'il altère et corrompt des instincts plus naturels, conduit cependant à une incontestable douceur de mœurs.* »

Nous terminerons par quelques renseignements sur la prostitution consignés dans l'ouvrage de Lombroso (p. 195).

La plus grande partie des prostituées est absolument illettrée. Parent-Duchâtelet, sur un total de 4,470, n'en trouve que 1780 sachant à peine signer leur nom, et 116 d'une instruction supérieure. Il n'en est pas ainsi à Londres, d'après Michelot, ou sur 10,377 il y en a 6,502 sachant lire et écrire imparfaitement, 3,498 d'absolument illettrées, 354 sachant lire et écrire et 22 d'instruction supérieure.

Des professions

La statistique criminelle de France distingue neuf classes dont deux dédoublées, (la 1re et la 2e).

Voici pour les différentes professions les classes établies :

1re *Classe :* Attachés à l'exploitation du sol (Laboureurs, journaliers, domestiques de ferme).

2e *Classe :* Ouvriers chargés de mettre en œuvre les produits du sol, le fer, le bois, etc.

3e *Classe :* Boulangers, bouchers, menuisiers.

4e *Classe :* Tailleurs, perruquiers, chapeliers, etc.

5e *Classe :* Commerçants.

6e *Classe :* Mariniers, voituriers, commissionnaires.

7e *Classe :* Aubergistes, logeurs, cafetiers. — Domestiques attachés à la personne.

8e *Classe :* Professions libérales.

9e *Classe :* Gens sans aveu.

Il est très fâcheux que cette classification de la statistique criminelle ne concorde pas avec celle de la statistique de France qui indique le classement des habitants au point de vue professionnel.

Nous donnons un premier tableau très complet qui indique de 1829 à 1879 d'abord par chaque sexe le nombre d'accusés dans chacune des 11 classes professionnelles, leur répartition en crimes-personnes et en crimes-propriétés. Enfin, à côté, mais pour une période moindre, de 1835 à 1879, la même distribution des suicides.

Un second tableau indiquera les mêmes résultats, mais réduits à 100, afin de pouvoir les comparer. Nous y avons ajouté d'autres données signalées par les statistiques; ainsi les accusés travaillant pour leur propre compte, pour le compte d'autrui, vivant dans l'oisiveté, ceux demeurant dans les communes rurales ou urbaines, ou n'ayant pas de domicile fixe.

Enfin, à la droite du tableau, on trouvera réunis les crimes et les suicides, réduits à 100, ce qui facilitera beaucoup la comparaison et permettra des rapprochements.

Au point de vue du nombre total des accusés, nous voyons qu'il y a presque cinq fois plus d'hommes que de femmes. Sur 100 accusés, il n'y en a que 13 vivant de l'oisiveté, et il existe à peu près deux fois plus d'accusés travaillant pour le compte d'autrui que pour leur propre compte. Le plus grand nombre provient des communes rurales, mais si on tient compte de la population de celles-ci, on voit que les accusés des communes urbaines, sont plus nombreux. Les crimes-personnes fournissent le double d'accusés des crimes-propriétés. Quant aux suicides, il y a à peu près quatre fois plus d'hommes que de femmes. Ce rapport (79 à 25) est à rapprocher de la proportion des criminels (83 à 17).

Enfin, si crimes et suicides sont réduits à 100, nous voyons que le nombre des crimes-propriétés dépasse le nombre des suicides, que les crimes-personnes ne viennent qu'après, ne constituant que le cinquième des crimes et suicides réunis.

PROFESSIONS

	CRIMES de 1829-1879				SUICIDES (de 1835-1879)	
	Hommes	Femmes	Crimes-personnes	Crimes-propriétés	Hommes	FEMMES
TOTAL.	256 634	52 491	104 6.3	203 369	137 863	40 142
I. Laboureurs . . .	83 151	14 162	42 363	54 761	47 710	13 649
I. (bis) Domest. de ferme .	12 216	3 572	5 569	10 150		
II. Ouvriers, industrie	62 834	4 897	21 893	45 545	25 184	2 299
III. Alimentation . .	1o 540	529	3 367	7 675	3 413	329
IV. Habillement. .. .	11 831	6 238	6 335	11 708	6 442	3 479
V. Commerçants . .	20 250	2 615	4 003	18 791	6 969	997
VI. Transports . . .	11 987	209	3 645	8 506	3 576	54
VII. Aubergistes. . .	3 971	1 286	1 684	3 548	2 336	443
VII (bis) Domestiques . .	8 695	12 219	3 994	16 891	4 313	3 383
VIII Professions libér.	17 875	1 102	7 790	10 949	25 797	3 310
IX. Gens sans aveu .	13 284	5 662	4 050	14 845	12 123	12 199

TABLEAU DES PROFESSIONS (réduction à 100)

| | | | TRAVAILLANT | | | DOMICILE | | | Crimes-person. | Crimes-propr. | SUICIDES | | Crimes-person. | Crimes-propr. | Suicid** |
	Homm**	Femm**	Pr leur compte	pour compte d'autr.	Oisifs.	Ruraux	Urbain*	Sans domic.			Homm**	Femm**			
Nomb.tot. des accus.	83	17	30	57	13	55	40	5	34	66	79	21	21	41	
Labour. journaliers.	85	15	32	62	6	80	17	2	45	55	78	22	25	33	38
Domestiq. de ferme.	78	22		97	3	90	7	3	35	65	77	23	33	60	42
Ouvriers | (industrie).	93	7	21	67	12	48	48	4	33	67	92	8	22	47	7
Alimentation , , ,	95	5	35	58	7	60	37	3	30	70	92	8	22	50	31
Habillement, ameub,	65	35	28	60	12	34	62	4	35	65	65	35	22	40	28
Commerçants , , ,	88	12	73	20	7	34	61	5	17	83	87	13	12	59	38
Transports, , , ,	98	2	18	73	9	35	62	3	30	70	98	2	22	52	29
Aubergistes , , ,	76	24	91	6	2	49	50	0	32	68	84	16	20	43	25
Dom.att. à la person,	42	58		96	4	35	63	2	19	81	56	44	13	57	37
Professions libérales,	94	6	77	12	11	45	53	2	41	59	88	12	15	19	-30
Gens sans aveu , ,	70	30	3	1	96	34	38	28	20	80	49	50	9	32	66
															59

Quelques mots sur chacune des catégories :

Les *laboureurs*, *journaliers* forment le tiers de la criminalité des hommes. Ils ont presque la moitié des crimes-personnes, le quart des crimes-propriétés, le tiers des suicides. Les femmes ont le quart des crimes commis par les femmes et le tiers des suicides-femmes. Sur six accusés laboureurs, il y a une femme. Ils commettent presque autant de crimes-personnes que de crimes-propriétés. Parmi les laboureurs, il y a quatre fois plus de suicides-hommes que de suicides-femmes.

Les *domestiques de ferme* forment le 20° de la criminalité des hommes et des crimes-personnes et propriétés. Les domestiques-femmes forment la 17°partie de la criminalité des femmes. Le suicide entre hommes et femmes s'y trouve dans les mêmes proportions que pour les laboureurs. Mais dans le rapport des crimes et des suicides nous constatons que si les crimes-propriétés sont très nombreux — le maximum de la série, plus élevé même que chez les commerçants — ils ont un total de crimes-personnes supérieur à ceux des laboureurs, mais n'ont presque pas de suicides : le minimum de la série. Donc, pour eux, crimes-propriétés et suicides sont en raison inverse.

Les *ouvriers* (*industrie*) sont les plus nombreux après les laboureurs. Il y en a un sur 4 accusés hommes ; sur 10 accusées femmes on compte une ouvrière de cette catégorie. Ils sont fournis en nombre supérieur par les communes urbaines. Il y en a un sur 5 accusés de crimes-personnes et sur 4 accusés de crimes-propriétés. On compte un de ces ouvriers sur 6 suicides d'hommes, un sur 18 suicides-femmes.

Les boulangers, bouchers, meuniers ou professions servant à l'alimentation, fournissent un grand nombre d'accusés-hommes, peu de femmes : un homme sur 24 accusés, une femme sur 30 accusées. Le tiers de ces ouvriers-accusés travaillent pour leur propre compte, les deux tiers habitent les communes rurales. Ils commettent beaucoup plus de crimes-propriétés que de crimes-personnes (un sur 31 accusés crimes-personnes et un sur 31 accusés crimes-propriétés). De cette catégorie, il y en a un sur 42 suicides-hommes et un sur 126 suicides-femmes. Nous remarquons encore que commettant un grand nombre de crimes-propriétés, ils se suicident peu.

Les tailleurs, chapeliers, perruquiers, etc. ou professions servant à l'habillement et à l'ameublement fournissent, sur 21 accusés, un homme, et sur 8 accusées, une femme. — Le nombre des femmes est donc élevé ; — il y en a une sur 16 accusées de crimes-personnes, et sur 17 accusées de crimes-propriétés. Sur 22 hommes suicidés, il y en a un, sur 12 femmes suicicidées, il y en a une. Si dans cette catégorie, il y a la même criminalité pour les crimes-personnes que dans la classe III (alimentation), il faut ajouter qu'il y a moins de crimes-propriétés commis, mais en revanche, un plus grand nombre de suicides.

Les commerçants, catégorie importante, puisqu'elle renferme le plus grand nombre de crimes-propriétés. Sur 13 hommes accusés, il y en a un, sur 20 femmes, il y en a une.

Si sur 261 accusés crimes-personnes, il y en a un, on en compte aussi un sur 10 crimes-propriétés. Les hommes commerçants se suicident à peu près deux fois plus que les femmes (1 sur 20 hommes-suicidés, une sur 41 femmes-suicidées) : les nombres des suicides sont presque semblables à ceux des accusés H. 88 et F. 12). Ils commettent presque le minimum des crimes-personnes et le maximum des crimes-propriétés. Pour le suicide, on ne trouve un nombre plus bas que dans la 1re, la 3e et la 6e catégorie.

Les mariniers, voituriers, commissionnaires ou professions servant aux transports, fournissent sur 100 accusés : 98 hommes et 2 femmes. Il y en a un de cette catégorie sur 21 accusés hommes, et une femme sur 251 accusés femmes. C'est la même proportion pour les suicides, sur 100 il y a 98 hommes et 2 femmes. Ce sont, pour la plupart, des individus travaillant au compte d'autrui et habitant les communes urbaines. Ils commettent aussi un plus grand nombre de crimes-propriétés, mais se suicident peu.

Les aubergistes, logeurs, cafetiers ont un accusé sur 65 accusés-hommes, et une femme-accusée sur 42 accusées en général. On trouve un individu de cette catégorie sur 62 accusés crimes-personnes et sur 57 accusés crimes-propriétés : toutefois en réduisant leurs crimes à cent, on voit qu'ils commettent deux fois plus de crimes-propriétés. Les crimes étant comparés aux suicides, on voit qu'ils comptent de ces derniers un nombre moyen. Ajoutons que ce sont en majorité des individus exerçant leur profession dans les villes.

Les domestiques attachés à la personne présentent comme accusés un plus grand nombre de femmes. On en trouve un sur 29 accusés-hommes, et une sur 4 accusées-femmes. Ce sont surtout des habitants des villes et ils commettent principalement des vols ou crimes-propriétés (pour 1 sur 26 accusés crimes-personnes, un sur 12 crimes-propriétés). Il y a encore à noter le petit nombre des suicides et la disposition spéciale au suicide des femmes de cette profession. Celles-ci constituent, et de beaucoup, le nombre le plus élevé de la série.

Les professions libérales sont aussi les professions des gens instruits. Nous pouvons nous attendre à trouver un grand nombre de suicides. C'est, en effet, dans cette catégorie que nous trouvons le maximum des suicides et le minimum des crimes-propriétés. C'est·l'inverse de ce que nous avons montré pour les domestiques de ferme, et il nous paraît que ces résultats divers donnent à la proposition de M. le professeur Lacassagne que nous avons citée, une véritable démonstration. Il est naturel que cette catégorie d'accusés, présente un plus grand nombre d'hommes que de femmes (1 sur 14 H, 1 sur 48 F.), qu'ils travaillent surtout pour leur propre compte et qu'ils habitent généralement la ville. Les suicides s'y montrent dans les mêmes proportions (1 sur 5 hommes, 1 sur 12 femmes).

A ce propos, nous allons donner quelques renseignements sur la criminalité de la profession médicale ou de celles qui peuvent s'en rapprocher. Malheureusement les statistiques sont incomplètes. De 1829 à 1841, puis de 1871 à 1879, elles ont adopté l'étiquette unique de médecin, ce n'est que de 1851 à 1870 qu'elles ont fait la distinction entre docteurs et officiers de santé. Les sages-femmes sont notées uniformément pendant toute la série, les pharmaciens ne sont relevés que depuis 1871.

	Médecins en 38 ans.	Docteurs en 18 ans (1851-1869)	Officiers de santé en 18 ans (1851-1869)	Sag. - Fem. en 44 ans (1834-1879)	Pharmac. en 7 ans (1872-1879)
Nombre des accus.	160	·62	64	416	34
Crimes - personnes.	89	»	»	280	17
Crimes- propriétés.	13	»	»	59	17
Commun. rurales.	»	»	»	97	»
Commun. urbaines.	»	»	»	242	»
Moyenne annuelle d'un accusé sur	3570	»	»	1270	1492

Les accusés-médecins sont énumérés séparément pendant 38 ans et donnent un total de 160, soit une moyenne de 4 1/5.

De 1851 à 1869, la distinction est faite entre docteurs en médecine et officiers de santé ; or d'après les relevés faits pendant cette période, on compte :

En	1853	1857	1866
Docteurs . . .	11,172	11,095	11,525
Officiers de santé.	6,859	6,362	5,667
Total . . .	18031	17,457	17,192

C'est-à-dire que le nombre des docteurs n'a jamais été double de celui des officiers de santé de 1851 à 1859. Il y a eu alors un accusé sur 322 docteurs et un accusé sur 162 officiers de santé, c'est-à-dire que ces derniers ont présenté une criminalité double. De 1861-1869, il y a eu un docteur sur 426 médecins accusés et un officier de santé sur 309, c'est-à-dire que les officiers de santé ont eu une criminalité un quart plus forte.

De 1872 à 1879, on peut dire que sur 7 crimes commis par les médecins, il y en a eu un contre les propriétés et six contre les personnes. En admettant qu'il y a 15,000 médecins en France, on peut dire, puisque la moyenne annuelle est de 4.2 médecins accusés, qu'il y a 1 accusé sur 3,570 médecins.

Les *sages-femmes accusées* ont une moyenne annuelle d'un peu plus de 9 ; en admettant qu'il existe, en France, 12,000 femmes exerçant cette profession, c'est en moyenne une accusée sur 1,270 sages-femmes. Le tableau montre que le plus grand nombre des accusées exercent leur coupable métier à la ville, ce qui explique d'ailleurs le total considérable des crimes-personnes opposé à celui des crimes-propriétés. C'étaient des avorteuses, ou, comme le peuple les appelle, des *faiseuses d'anges*.

Il est curieux de constater que, de 1830 à 1870, la progression des crimes-personnes qu'elles ont commis a été toujours en augmentant :

De 1830 à 1840, sur 3 accusées il y avait 2 cr.-pers. 1 cr.-propr.
De 1840 à 1850,   4   —   —   3   —   1   —
De 1850 à 1860,   6   —   —   5   —   1   —
De 1860 à 1870.   16   —   —   15   —   1   —

Il est à regretter que la statistique n'ait pas continué à enregistrer ces précieux renseignements.

Les *pharmaciens,* à peu près au nombre de 6,000 en France, ne font l'objet d'une mention spéciale dans la statistique que depuis 1872. Nous relevons ainsi 54 accusés en 7 ans, soit 5 accusés par an, ou 1 accusé sur 1,492 pharmaciens. Il est curieux de voir leur criminalité relever de la nature spéciale de leur profession. En

7 ans, sur un nombre de 2 accusés, il y en a 1 pour crime-personne et 1 pour crime-propriété. Nous ajoutons que cette statistique ne mentionne probablement pas tous les cas d'exercice illégal de la médecine.

La neuvième catégorie des professions s'occupe des *gens sans aveu :* elle renferme, comme nous allons le voir, les vagabonds et les prostituées. Sur 100, 96 vivent dans l'oisiveté ; il y a 70 hommes et 30 femmes. Ce sont plutôt des urbains que des ruraux ; mais la grande majorité n'ont pas de domicile fixe. Ils vivent de vols et de rapines, et ce sont eux qui commettent le moins de crimes de sang. Dans cette catégorie, les suicides des femmes dépassent les suicides des hommes ; ce qui montre bien que celles-là, dans notre société actuelle, supportent moins bien la misère, et que souvent, le temps de la prostitution étant passé, elles ne trouvent d'autre refuge que dans la mort. Après la catégorie des professions libérales, c'est elle qui présente le plus grand nombre de suicides ; il y en a 1 sur 12 suicides d'hommes et 1 sur 3 suicides de femmes. — Cette deuxième proportion, à savoir que sur 3 femmes suicidées, il y en a une dans la une catégorie statistique appelée *gens sans aveu*, montre la fâcheuse situation faite à la femme dans notre société moderne.

Milieux sociaux.

M. le professeur Lacassagne a fait un premier tableau graphique qui montre, depuis 1825, le nombre des accusés de crimes contre les propriétés, et depuis 1843 les accusés des communes rurales et les accusés des communes urbaines. Ce sont trois courbes, et la courbe supérieure, à partir de 1843, est le total des deux courbes inférieures.

Il est bien évident, d'après ce que nous avons dit précédemment, que le nombre des accusés doit aller en diminuant, puisque le chiffre des accusations contre les propriétés va s'abaissant. En effet, la courbe du nombre total des accusés ressemble, dans son allure générale, à la courbe des crimes contre les propriétés (voir le graphique publié par M. Lacassagne). Il y a des sommets en 1828 (5,552 accusés), en 1832 (5,593 a.), en 1837 (5,953 a.), en 1840 (6,118 a.), en 1844 (5164 a.), en 1847, le maximum (6,602 a.) ; une chute considérable en 1849 (4,040 a.), une ascension progressive jusqu'en 1854 (5.473 a.) ; dès lors, la courbe baisse de plus en plus, en 1856 (4,016 a.), en 1858 (3,045 a.), en 1859 (2,785 a.), en 1862 (2,902 a.), une baisse jusqu'en 1865 (2,249 a.), en 1867 (2,692 a.) nouvelle baisse jusqu'en 1870 (2,055 a.), alors ascension brusque et en 1872 (5,014 a.) ; depuis, chutes régulières et en 1878 il n'y a plus que 2,435 accusés, c'est-à-dire que dans cet intervalle de 52 années, les accusés ont baissé de plus de moitié. Or, pendant le même temps, les accusations n'ont pas baissé de moitié : cette constatation nous permet de dire que les associations de malfaiteurs pour commettre un crime contre les propriétés diminuent, que les criminels agissent plus souvent seuls à notre époque, ce qui montrerait jusqu'à un certain point une amélioration dans la moralité générale, car il est bien évident que la moralité est plus faible dans un pays où les individus peuvent s'associer, se réunir en bande pour commettre des crimes. Ces conditions qui existaient autrefois en France, ont disparu aujourd'hui, mais se rencontrent encore en Italie.

Etudions maintenant les courbes des accusés de crimes contre les propriétés selon que les accusés sont des milieux ruraux ou urbains. Nous rappelons qu'il y a, en France, à peu près deux tiers de ruraux et un tiers d'urbains. D'ailleurs, comme cette proportion a varié de 1826 à 1878, il nous faut prendre un chiffre moyen : nous dirons donc qu'en supposant la population française de 36 millions d'habitants, il y en a 24 millions habitant la campagne, c'est-à-dire, des milieux au-dessous de deux mille individus, et 12 millions habitant les villes.

De 1843 à 1856, les accusés ruraux sont plus nombreux ; en 1857, les accusés urbains sont supérieurs aux précédents pour la première fois, puis il y a chevauchement ou entrelacement des deux courbes de 1853 à 1863 et définitivement depuis 1863, les accusés urbains deviennent supérieurs à ceux de la campagne. Remarquons de suite que la courbe générale qui de 1843 à 1857, paraissait être celle des accusés ruraux agrandie, reflète les fluctuations des accusés urbains de 1863 à 1878, c'est-à-dire que le plus grand nombre des accusés de crimes contre les propriétés ont été de 1843 à 1857 des accusés de la campagne, mais que depuis 1863, ce sont les villes surtout qui fournissent ces accusés. Cette constatation a son importance et il faut bien interpréter le phénomène. Celui-ci est en rapport avec l'émigration des campagnes vers les villes, mouvement, qui s'est

accentué sous le second empire dès 1857 avec l'haussma-
nisation et les travaux parfois gigantesques, souvent inu-
tiles, entrepris dans beaucoup de villes. Il ne faut pas
conclure que la population urbaine est passée tout à coup
à un degré plus accusé de criminalité contre les personnes, mais penser que cette population s'est accrue
d'éléments nouveaux qui ont augmenté sa criminalité
en diminuant celle des campagnes. Les graphiques mettent bien le phénomène en évidence et signalent un fait
qui n'aurait pas paru aussi évident à la simple lecture des
chiffres.

La courbe des accusés ruraux nous montre que c'est
surtout à la campagne qu'ont frappé les crises économiques produites par l'élévation extraordinaire du prix de
l'hectolitre de froment. C'est ce que nous voyons indiqué par l'ascension de 1847 et de 1854. Dès cette année-
là, le chiffre des accusés va baissant énormément ; il y
eut, on le sait, un bien-être relatif dans les campagnes
jusqu'en 1868, époque de la crise économique, qui, ainsi
qu'on le voit par les deux courbes, se fit beaucoup sentir
dans les villes. En 1867 (alors que le chiffre des accusés
dans les villes a son maximum pour cette période), il y a
une diminution qui s'accentue en 1868 et en 1869. En
1870, une légère hausse (alors minimum dans les villes
— ce qui prouve qu'à cette époque troublée, la répres-
sion se faisait encore mieux dans les campagnes que
dans les villes), puis hausse considérable en 1871 et
maximum en 1872, baisse en 1873, légère ascension en
1874 (c'est la crise économique et agricole), forte descente en 1875 et encore baisses insensibles en 1876,
1877 avec une légère ascension en 1878.

La courbe des accusés urbains fait voir que dans les villes les crises économiques produites par le prix du froment se font moins sentir. Nous voyons, au contraire, des élévations en 1850-51, surtout en 1852, époques de perturbations politiques, qui n'atteignent presque pas les campagnes. Nous voyons que de 1865 à 1869 (maximum en 1867), la crise économique et politique s'est surtout fait sentir dans les villes. En 1872, il y a augmentation considérable (de 1,257 accusés en 1871, le nombre s'élève à 1,910), depuis ce moment, il y a une descente à peu près régulière d'année en année jusqu'en 1878.

Si nous comptons maintenant le nombre des accusés ruraux et urbains, au début et à la fin de la période que nous avons étudiée 1843-78, nous voyons en réduisant les nombres à 100 qu'il y a :

En 1843, accusés ruraux 73 o/o; en 1878, 27 o/o
En 1843, accusés urbains 64 o/o;   —   36 o/o

C'est-à-dire que si les accusés de crimes contre les propriétés ont baissé, dans les campagnes il y en a à peu près trois fois moins, dans les villes deux fois moins.

Un deuxième tableau graphique montre depuis 1825 le nombre total des accusés de crimes contre les personnes et depuis 1845 les accusés des communes rurales et les accusés des communes urbaines. Ce sont trois courbes et la courbe supérieure, depuis 1843, est le total des deux courbes inférieures.

Ce que nous avons dit plus haut à propos du premier graphique se vérifie encore : le nombre des accusés contre les personnes a fort peu diminué puisque le chiffre de ces mêmes accusations a légèrement augmenté.

La courbe des accusés contre les personnes ressemble dans son allure générale à la courbe des mêmes accusations publiée par M. Lacassagne. Il y a cependant quelques différences que nous allons mettre en évidence.

De 1826 (1,907 accusés), la courbe baisse jusqu'en 1830 (1,666 a.), elle monte en 1831 (2,046 a.), en 1832 (2,644 a.), rebaisse jusqu'en 1834 ; il y a une baisse en 1835 (2,463 a.), des fluctuations successives jusqu'en 1841 (2,381 a.), baisses jusqu'en 1846 (1878 a.), dès lors ascension en 1847 (2,102 a.), en 1848 (2,467 a.), en 1849 (2,949 a.) : c'est le point maximum. Il y a lieu de remarquer que le même maximum ne se montre dans la courbe des accusations contre les personnes qu'en 1851. Dès lors, baisses successives jusqu'en 1855 (2,018 a.), ascension en 1856, en 1858, en 1862, en 1866, en 1871 et ascensions régulières de 1872 à 1876 (2,201 a.), baisse en 1877 (1,825 a.) et en 1878 (1,767 a.)

Nous trouvons que ces différentes élévations correspondent aux crises ou révolutions politiques (1832-35-49), aux années de bonnes récoltes de vin (1855-56-58-62-75-76). Ce sont les mêmes influences que pour les accusations, toutefois il y a lieu d'observer que le nombre des accusés a peu diminué et nous ne constatons qu'une baisse d'une centaine entre les deux extrémes de la période 1843-78. Donc, les conditions d'association ou de complicité dans les crimes contre les personnes sont à notre époque à peu près les mêmes de ce qu'elles étaient il y a à peu près cinquante ans.

Etudions les courbes des accusés de crimes contre les personnes, selon que ces accusés sont des milieux ruraux ou urbains. Nous remarquons, d'abord, que les 2 courbes sont distantes les unes des autres, et que, de 1843 jusqu'en 1878, il y a eu toujours un plus grand nombre d'accusés ruraux. Nous avons vu qu'il n'en était pas ainsi dans les crimes contre les propriétés depuis 1857. Cependant, dès cette époque, ou mieux, depuis 1859, le nombre des accusés ruraux va diminuant insensiblement d'année en année. Or, comme le nombre des accusés urbains augmente peu à peu depuis 1843, on comprend que si ce double mouvement en sens inverse continue à se produire, dans dix ou quinze années, les accusés des villes seront supérieurs à ceux des campagnes.

L'étude et la comparaison de ces deux courbes, accusés des campagnes, accusés des villes, prouve que les causes générales (révolutions, récoltes de vins) ne se font pas sentir de la même façon dans les deux milieux sociaux, et ont une influence différente sur le nombre des accusés de la ville ou de la campagne.

Ainsi, en 1843, il y a 1,640 accusés ruraux, et leur nombre baisse jusqu'à 1,362 en 1846. Dès lors ascension jusqu'en 1859 (1,919 a.), point maximum de la courbe) et baisses successives jusqu'en 1855 (1,341 a.), ascension en 1858 (1,598 a.) ; depuis baisse : en 1860 1,285 a.), en 1862 (1,392 a.), en 1865 (1,221 a.), en 1869 (1,180 a.), même chiffre en 1871, en 1872 (1,239 a.), en 1876 (1,302 a.) et en 1878 (1098 a.). Donc, si la courbe présente des sommets correspondant aux années de bonnes récoltes de vins, les révolutions politiques ne se font sentir que dans les années suivantes, aux crises révolutionnaires. Ainsi, le maximum des accusés est, dans les campagnes, en 1850 (1,919 a.), en 1851

(1,894 a.), tandis que, dans les villes, c'est en 1849 1,033 a.) le maximum ; en 1850, il n'y a plus que 830 accusés et une petite hausse en 1851, soit 835.

De même après 1870, dans les campagnes, il y a 1,180 accusés en 1871, 1,239 en 1872 ; dans les villes il y a 732 accusés en 1871 et 603 seulement en 1872. On voit que si les crises politiques se font sentir plus vite et avec plus d'intensité dans les villes, leur influence est aussi moins prolongée que dans les campagnes.

La comparaison que nous venons de faire entre les deux courbes nous permettra d'être très bref pour la description de la courbe des accusés urbains. Le point maximum, avons-nous dit, est en 1849 (nous rappelons que celui des accusations est en 1851), il y a des baisses successives jusqu'en 1860 (528 a.), dès lors le chiffre annuel moyen s'élève peu à peu : en 1862 (652 a.), en 1867 (673 a.), en 1873 (738 a.), en 1876 (727 a.), dès lors un léger mouvement de descente pour les deux dernières années 1877-78.

Domicile.

Depuis bien longtemps, on a été frappé de la fréquence plus grande du suicide dans les agglomérations urbaines. Voltaire, dans son *Dictionnaire philosophique*, posait cette question : « Pourquoi avons-nous moins de suicides dans les campagnes que dans les villes ? »

Tous les auteurs qui se sont occupés du suicide ont traité cette question. Elle a été bien résumée par Morselli et Legoyt. Ce dernier statisticien pour la période 1873-78 trouve, pour un million d'habitants, 123,48 suicides dans les campagnes et 221,44 dans les villes.

En 1877, on a les rapports ci-après :

Paris 327
Les autres villes . . . 167
Les campagnes . . . 112

« Paris est la ville d'Europe où on se tue le plus ; il est vrai que c'est celle qui renferme le plus grand nombre d'étrangers. Or, la statistique détaillée des suicides, dans cette capitale, leur attribue une part relativement considérable de (de 5 à 6 pour 100). » (Legoyt.)

CRIMES ET SUICIDES (réduits à 1,000).

| | CRIMES | | | | SUICIDES | |
| | (de 1843-1879) | | (de 1870-1879) | | (1865-1879) | |
	personnˢ	propriét.	hommes	femmes	hommes	femmes
Ruraux	657	458	453	548	544	572
Urbains	314	458	456	433	456	428
Sans domicile . .	19	74	81	19	»	»

Nous donnons ici un tableau qui réunit les documents épars dans les statistiques. On voit, les nombres étant réduits à 1,000 et se rappelant qu'il existe deux fois plus de ruraux que d'urbains, que les urbains se suicident plus que les ruraux, les rapports entre les suicides des deux sexes sont plus accentués à la campagne qu'à la ville, ou, si l'on veut, il y a moins d'écarts entre les suicides des femmes qu'entre ceux des hommes.

15

DOMICILE DES ACCUSÉS DE 1820-79 (réduits à 10,000)

	Accusés en génér.	Hommes	Femmes	CRIMES	
				Personn.	Propriét.
Nés et dom. dans le départ.	6 626	6 530	6 983	7 576	6 175
Nés dans le dép. et dom. aill.	82	84	60	56	95
Dom. dans le dép. et nés aill.	1 988	1 975	2 198	1 507	2 193
Nés et dom. hors du départ.	466	495	254	351	527
Sans aucun domicile fixe . .	417	468	181	143	559
Etrangers à la France . . .	417	444	311	366	445
Domicile inconnu.	4	4	3	1	5

Quelques mots sur le *domicile* des accusés. Le tableau ci-dessus fait voir que les nés et domiciliés dans les départements, qui forment à peu près le 80 % de la population, n'atteignent pas ce chiffre dans la criminalité. Ces nés et domiciliés sont en plus grand nombre parmi les accusés de crimes-personnes, et comptent plus de femmes que d'hommes. Pour les domiciliés dans le département et nés ailleurs, si le nombre des accusées femmes continue à être supérieur au chiffre proportionnel des hommes, les crimes-propriétés sont plus nombreux au contraire que les crimes-personnes.

CHAPITRE III

Distribution géographique de la criminalité et du suicide.

Arrivé presque au terme de notre travail et pressé par les délais réglementaires, nous nous voyons obligé d'écourter ce chapitre. Nous allons publier un tableau qui permettra au lecteur de comparer la criminalité et les suicides dans chaque département.

Nous avons donc rangé ceux-ci en trois colonnes distinctes. Les deux premières, crimes-personnes et crimes-propriétés, indiquent l'ordre de succession des départements, en admettant qu'il se produit par an un crime sur tant de milliers d'habitants. La même marche est suivie dans la 3ᵉ colonne pour le suicide.

DISTRIBUTION GÉOGRAPHIQUE

DES CRIMES ET DES SUICIDES (DE 1825 A 1879)

Nᵒ dᵒ	Crimes-personnes.		Crimes-propriétés.		Suicides.
1	2	Corse.	3	Seine.	3 Seine.
2	8	Lozère.	5	Seine-Inférieure.	Seine-et-Oise.
3		P.-Orientales		Bouch.-du-Rhône	Oise.
4	10	Haut-Rhin.		Marne.	Seine-et-Marne.
5		Ariège.	6	Eure.	4 Marne.
6	11	Alpes-Marit		Aube.	5 Aisne.
7	12	Var.		Calvados:	Aube.
8		Vaucluse.		Seine-et-Oise.	6 Seine-Inférieure.
9		Bass.-Alpes.	7	Bas-Rhin.	Eure-et-Loir.

---

* NOTA. — Les nombres de ces colonnes indiquent les milliers d'habitants pour 1 accusé ou 1 suicide.

10		Bas-Rhin.	Alpes-Maritimes.	Var.
11	13	Ardèche.	Vaucluse.	Eure.
12		Sein.-et-Oise	Haut-Rhin.	Loiret.
13		B.-du-Rhône	Vienne.	7 Somme.
14		Marne.	Haute-Garonne.	Yonne.
15	14	Isère.	Ille-et-Vilaine.	Indre-et-Loire.
16		Aveyron.	Seine-et-Marne.	Meuse.
17		Gard.	Meurthe.	Bouch.-du-Rhône
18		Tarn.	Var.	Alpes-Maritimes.
19		Lot.	Haute-Marne.	8 Meurthe.
20	15	Hérault.	Eure-et-Loir.	Ardennes.
21		Calvados.	8 Charente-Infér.	Vaucluse.
22		S.-et-Marne.	Finistère.	Pas-de-Calais.
23		Seine.	Lozère.	Côte-d'Or.
24		H.-Marne.	Moselle.	9 Loir-et-Cher.
25		Haut.-Alpes.	Aisne.	Charente-Infér.
26		Eure.	Gard.	Drôme.
27	16	Aube.	Rhône.	Charente.
28		Doubs.	Loiret.	10 Nord.
29		Gers.	Tarn-et-Garonne.	11 Haute-Marne.
30		Il.-et-Vilaine	Gironde.	Sarthe.
31		L.-et-Garon.	Tarn.	Maine-et-Loire.
32		Morbihan.	9 Lot-et-Garonne.	Calvados.
33		Meuse.	Pyrénées Orient.	12 Vosges.
34	17	Drôme.	Somme.	Saône-et-Loire.
35		Savoie.	Oise.	Deux-Sèvres.
36		S.-Inférieure.	Loir-et-Cher.	Hautes-Alpes.
37		P.-de-Dôme.	Côtes-du-Nord.	Ain.
38		Dordogne.	10 Ariège.	Gironde.
39		Ch.-Infér.	Yonne.	Moselle.
40		T.-et-Garon.	Loire-Inférieure.	Gard.
41	18	Aude.	Marne.	Bas-Rhin.
42		Haut.-Saône	Orne.	Vienne.
43		M.-et-Loire.	Morbihan.	13 Jura.
44		H.-Garon.	Gers.	Finistère.
45		L.-Inférieure	Dordogne.	Doubs.

46	Vienne.	Haute-Marne.	Haut-Rhin.
47	Oise.	Maine-et-Loire.	Rhône.
48	Eur.-et-Loir.	Mayenne.	14 Isère.
49	Loiret.	Côte-d'Or.	Cher.
50	Yonne.	11 Meuse.	Haute-Saône.
51	19 Aisne.	Sarthe.	Dordogne.
52	Ind.-et-Loir.	Basses-Alpes.	15 Indre.
53	Gironde.	Allier.	Savoie.
54	H.-Pyrénées	Ardèche.	Nièvre.
55	Cantal.	Cantal.	16 Orne.
56	L.-et-Cher.	Indre-et-Loire.	17 Lot-et-Garonne.
57	Moselle.	Landes.	Haute-Savoie.
58	Meurthe.	Doubs.	Haute-Vienne.
59	H.-Loire.	Indre.	18 Hérault.
60	Jura.	Corse.	Loire-Inférieure.
61	20 Vosges.	Puy-de-Dôme.	Morbihan.
62	Charente.	12 Vosges.	Landes.
63	Corrèze.	Deux-Sèvres.	Tarn-et-Garon.
64	B.-Pyrénées.	Charente.	19 Mayenne.
65	21 Finistère.	Ardennes.	20 Pyrénées-Orient.
66	H.-Vienne.	Drôme.	21 Allier.
67	Côte-d'Or.	Aude.	Basses-Pyrénées.
68	22 Ardennes.	Lot.	Vendée.
69	Savoie.	Vendée.	22 Corrèze.
70	Rhône.	Pas-de-Calais.	Ille-et-Vilaine.
71	Landes.	Haute-Saône.	Ardèche.
72	Mayenne.	13 Loire.	Manche.
73	23 Vendée.	Basses-Pyrénées.	Côtes-du-Nord.
74	Sarthe.	Saône-et-Loire.	23 Loire.
75	Loire.	Hérault.	25 Creuse.
76	Allier.	Aveyron.	Puy-de-Dôme.
77	25 C.-du-Nord.	Jura.	Lot.
78	S.-et-Loire.	14 Nièvre.	Haute-Garonne.
79	Orne.	15 Corrèze.	Aude.
80	Nièvre.	16 Nord.	27 Gers.
81	Deux-Sèvres	Isère.	Tarn.

82	26 Ain.	16 Haute-Loire.	30	Cantal.
83	Manche.		Cher.	Lozère.
84	Somme.	17 Hautes-Alpes.	35	Hautes-Pyrénées
85	28 Creuse.		Haute-Savoie.	Haute-Loire.
86	30 Indre.	19 Ain.	48	Ariège.
87	Pas-de-Calais	20 Hautes-Pyrénées.		Corse.
88	Cher.	21 Creuse.		Aveyron.
89	Nord.	22 Savoie.	78	Basses-Alpes.

Pour la distribution des crimes-personnes, nous voyons en tête la Corse ; puis les départements du Midi, le Haut-Rhin et le Bas-Rhin, ont un grand nombre de ces crimes, ainsi que des crimes-propriétés. Il fait voir, outre l'influence ethnique, celle de l'instruction, de l'agglomération des grandes villes ou des centres industriels, du commerce, de la richesse, etc.

Toutes ces influences peuvent aussi être rappelées pour les crimes-propriétés.

Quant aux suicides, la lecture de l'ordre dans lequel ils sont inscrits met surtout en évidence l'influence de Paris et des grandes villes. Certains départements, qui occupent les premières places dans la liste des crimes-personnes, sont les derniers dans la liste des suicides. Il y a, au contraire, des rapports de concordance entre les deux dernières colonnes, c'est-à-dire entre les crimes-propriétés et les suicides, ce qui vient une fois encore démontrer cette loi que nous avons cherché à prouver dans tout ce travail : que le suicide n'est qu'un dérivatif ou une transformation de la criminalité.

Nous ne pouvons donner de conclusions générales, comme nous l'avions fait espérer au début de cette thèse. Sa lecture est indispensable pour apprécier les matériaux qu'elle renferme. Le plan que nous avons adopté montre les faits reliés entre eux, et les preuves statistiques que nous en donnons découlent de tableaux numériques qu'il est difficile de formuler en règles ou en lois. Nous nous sommes surtout attaché à faire voir que la criminalité n'est pas *une* comme on l'a envisagée jusqu'à notre époque et qu'il faut, pour bien l'apprécier, tenir compte de ces deux facteurs : le suicide et la prostitution. Les statistiques montrent qu'ils se ressemblent, s'engendrent réciproquement, et que leur ensemble constitue la criminalité générale. Comme l'a dit Montaigne : *Il y a des ordres et des degrés sous des visages de même figure.*

TABLE DES MATIÈRES

Pages

Préface 1

CHAPITRE Ier

DE LA CRIMINALITÉ EN FRANCE 6
De la marche des crimes contre les propriétés . . . 14
— — — personnes. . . . 15
Du suicide 21
Étude comparée de la criminalité et du suicide 31
De la prostitution. 40

CHAPITRE II

ÉLÉMENTS CONSTITUTIFS DE LA CRIMINALITÉ. . . . 44
Répartition mensuelle des crimes 46
De la température et des saisons. 50
De l'âge. 63
Du sexe. 76
De l'état-civil 83
De l'instruction 87
Des professions 94
Milieux sociaux 105
Domicile 112

CHAPITRE III

DISTRIBUTION GÉOGRAPHIQUE DE LA CRIMINALITÉ ET
DU SUICIDE. 115
Conclusions . . . .

LYON. — IMPRIMERIE DE LA PROVINCE, GRANDE RUE DE LA GUILLOTIÈRE. 101